普天之下・盡是好書

普天出版家族

Popular Dy;a Family

凌雲文創

A-Plus Creative Company

Thick Black Theory

厚黑學

你不能不知道的領導統御厚黑權謀

完全使用手冊

領導統御

莎士比亞曾經寫道:

「建立豐功偉業的人,
往往借助於對自己盲目崇拜
的人之爭。」

的確,所謂的英雄並非比平凡人優秀,
只不過他們懂得如何運用厚黑權謀,讓追隨他的人,
心甘情願地為自己賣命。
一個成功的領導者必須知道如何激勵部屬的熱情,
鼓舞部屬的士氣,即便這些激勵和鼓舞的言辭全部都是謊話,
也必須把它說得跟真話一樣。

Thick Black Theory is a philosophical treatise written by Li Zongwu,
a disgruntled politician and scholar born at the end of Qing dynasty.
It was published in China in 1911, the year of the Xinhai revolution,
when the Qing dynasty was overthrown.

王照

【出版序】

現實很殘酷，你必須學點厚黑心術

・王照

人不能只有小聰明，卻沒有大智慧；厚黑學不是教你賣弄聰明、耍奸玩詐，而是教你借用別人的能力，快速達成自己的目的。

現實很殘酷，想在慘烈的人性戰場存活，就必須學點厚黑心術，才能借用別人的能力，快速達成自己的目的。

用點手腕、使點手段，掌握一些厚黑技巧，往往是讓問題迎刃而解的最佳捷徑，同時也是現代人求生自保必備的智慧。

就本質來說，智慧和厚黑的內容是相同的，只不過是同一種應對模式的正反說法，岳飛用的時候，我們稱之爲智慧，秦檜用的時候，我們叫它厚黑。

古往今來的歷史經驗與生活教訓告訴我們：成功的秘訣就是智慧。唯有智慧才能使人脫胎換骨，也唯有智慧才能改變人生！

諸葛孔明向來被視爲智慧的化身，英姿煥發，才智溢於言表，手執羽扇頭戴綸巾，談笑間敵艣灰飛煙滅，何其瀟灑自如！他靠的是什麼？答案是智慧。

《西遊記》中的齊天大聖孫悟空護送唐僧前去西天取經，歷經九九八十一難，上天入地，翻江倒海，橫掃邪魔，滅盡妖孽，何其威風暢快，激動人心！貫穿整部《西遊記》的是什麼？答案還是智慧。

許多世界知名將領身經百戰，洞察敵謀，所向披靡，締造一頁頁傳奇。他們何以能叱吒風雲，在險惡的戰場屢建奇功？靠的還是鬥智不鬥力的智慧。

拿破崙橫掃歐洲大陸，如入無人之境；愛迪生一生發明無人能出其右，廣爲世人稱道，原因都在於他們懂得搭建通向成功的橋樑，擁有打開智慧寶庫的鑰匙。

當你前途茫茫、命運乖舛，輾轉反側卻不得超脫的時候，你需要智慧；當你面臨群丑環伺，想要擺脫小人糾纏之時，你需要智慧。

在你身陷絕境，甚至大禍迫在眉睫之際，想要化險爲夷、反敗爲勝，你需要智慧；在你萬事俱備只欠東風的時候，如何把握機稍縱即逝的良機，你需要智慧。

在你身處險境、危機四伏時，想躲避來自四面八方的暗箭，你需要智慧；在你春風得意馬蹄疾揚的時候，如何不致中箭落馬，更需要智慧。

在十倍速變化的世紀裡，古人所說的「離散圓缺應有時，各領風騷數百年」景況將不復出現，一個人的影響力、穿透力至多只能維持數十年。

我們當中，只有極少部分的人能靠著智慧和不斷自我砥礪，而獲得通往成功的通行證，絕大多數的人都將繼續在失敗的泥沼中跋涉，最後慘遭時代吞噬。

更殘酷地說，從來沒有一個世紀是愚騃無知之徒的世紀——他們充其量不過是歷史煙塵中庸碌的過客，或者任由豺狼宰割的羔羊；他們想擁抱時代，時代卻無情地吞噬、遺棄、嘲弄他們。

無疑的，二十一世紀是智者通贏的世紀，我們既面臨空前無情的挑戰，同時也面臨曠世難遇的機遇。

失意、落敗、悲哀無可避免地會降臨在那些愚騃懵懂、儒弱無能的人身上，這些人將成為時代的棄兒，被遺棄在歷史的垃圾堆。

成功的機遇則會擁抱那些充滿智慧、行事敏捷、勇於進取的人；唯有這些人方能成為時代的驕子，分享新世紀的光輝和榮耀。

洛克維克曾經寫道：「狼有時候也會保護羊，不過那只是為了便於自己吃羊。」

在這個誰低下脖子，誰就會被人當馬騎的年代裡，如果想要生存下去，就要具備厚黑的智慧，既要通曉人性的各種弱點，又要懂得運用為人處世的技巧。

本書要教導讀者的，就是在人性叢林中成功致勝的修身大法。內容包含兩個層面，一是自我素質的快速提昇，透過吸收書中列舉的借鏡與知識，累聚各式各樣必備的智慧，增進自身的涵養；一是徹底摸清人性，修習為人處世的技巧，運用機智、適當的手腕，適時發揮本身所具備的才能。

這兩者正是獲得成功的最重要因素，也是決定性的因素。

人不能只有小聰明，卻沒有大智慧；厚黑學不是教你賣弄聰明、要奸玩詐，而是教你看穿人性、修練人生。如果你不懂得厚黑學，不懂得洞悉別人如何耍弄心機，那麼永遠都只會是人性戰場上的輸家。

出版序 現實很殘酷，你必須學點厚黑心術●王照

01. 有容人的雅量，才有成功的希望

領導者不妨想遠一點、想深一點，以坦蕩的胸懷和氣度為人處世，以寬宏大量面對他人行為，才能為自己塑造出好形象，博得美名。

有容人的雅量，才有成功的希望／018
用寬大的胸襟面對敵人／022
懂得改變態度，才能站穩腳步／028
以變應變，方能不被淘汰／031
先發制人，才不會受制於人／037
懂得批評的藝術，才不會讓人發怒／042
為批評披上幽默的外衣／047
能把握時機，才能創造成功的契機／051
沒有苦難的磨練，怎能光彩耀眼？／055

02. 樹立權威，也要給下屬發言機會

領導者除了樹立權威之外，也要採納員工有建設性的意見，激發員工的工作熱情，使他們的自我實現與公司的目標結合在一起。

和下屬分享功勞，下屬會表現更好／060
妥善面對異議，計劃才會順利／063
待人誠懇，才能贏得人心／068
建立權威，使下屬服從指揮／071
樹立權威，也要給下屬發言機會／074
真有本事，就不怕沒人賞識／078
領袖魅力使領導者無往不利／081
選好自己的接班人／085
既要分權，領導者也要掌握大權／089

03.

讓員工參與管理，增加凝聚力

領導者推動改革時，要多參考下屬的意見，並向所有員工耐心解釋。唯有讓員工認同新做法，新的管理方式才可能順利推行。

用心關懷下屬，給予適當鼓舞／094

讓員工參與管理，增加凝聚力／097

學會妥善授權，領導工作就不難／101

剛柔並濟，與下屬建立良好關係／105

言行一致，博得下屬信賴／110

適時安慰遭受不幸的部屬／115

在競爭與合作之間取得平衡／121

避免觸及隱私，維持同事情誼／126

婉拒，也得多花點心力／130

如何巧妙拒絕別人？／134

04. 仔細觀察，就能妥善應對

如果遇到豪爽的上司，只要善用能力，表現出過人的工作成績，等到時機成熟，絕對不用擔心沒有發展的機會。

智囊團是領導者的另一個大腦／138
仔細觀察，就能妥善應對／142
以大局為重，安於本分／149
權力是一把雙面刃／154
如何在別人心目中建立威信／157
有膽識，才能開創大業／160
充滿危機意識才能面對挑戰／165
花些心力，打好同事關係／170
誠實待人，真誠溝通／175

05.

擁有魅力，自然無往不利

我們會認真聆聽別人的問題，並在不知不覺中被對方的魅力蠱惑。由此可見，若能發揮魅力，對他人會產生極大的影響。

有壓力，才有進步的動力／180

先學傾聽，再學溝通／183

擁有魅力，自然無往不利／191

優秀的領導要深諳開會訣竅／196

決策果斷是成功的必要條件／200

充分利用時間就是愛惜生命／203

避免時斷時續的工作狀態／206

使自己的工作趕上進度／210

運用智慧安排時間／213

06. 善用同理心博取對方認同

若想要別人接受你的意見，就要先對他表示出同情與了解，並試著站在對方的立場上分析事情，如此對方就會比較容易接受你的想法。

用說笑話的藝術成為焦點人物／218
訓練幽默感的五大重點／221
有技巧的批評才能發揮效用／225
善用同理心博取對方認同／228
有適度的競爭才有進步／234
進取心才能開創新局面／238
短視近利只會損失更大的利益／242
先釜底抽薪，再趁火打劫／245
用別人的錢替自己造勢宣傳／248

07. 身先士卒，將奮鬥精神傳給下屬

面臨困境時，領導者若能身先士卒地面對難關，堅定沈著的精神就會傳達給下屬，使全體員工都能勇敢面對挑戰，進而為企業創造佳績。

建立恰當關係，才能順利管理／254
個人魅力是領導者的無形資產／258
身先士卒，將奮鬥精神傳給下屬／262
領袖氣質得靠後天努力／265
對正直的下屬多加愛護／269
拉開距離，增加領導者魅力／274
用幽默談吐為生活添加色彩／278
把握尺度，善用幽默元素／283
小心使用，使幽默真正發揮效用／286

08. 發揮幽默感，和緩緊張局面

幽默與機智都可以壓倒別人，顯出自己的聰明之處，也可以鼓起他人的興致，或緩和緊張的局面，使大家開懷大笑。

精通幽默竅門，創造歡樂氣氛／290
運用幽默創造愉快談話氣氛／296
避開忌諱，讓笑話創造無限快樂／301
發揮幽默感，和緩緊張局面／304
用自我解嘲贏得他人好感／307
曲解「真意」，製造幽默涵義／310
適合自己的，就是最好的／313
凡事多往好的方面想／316

09.

做好本分，贏得上司信任

儘量做好自己的工作就是與上司和睦相處的最佳辦法，而這種良好關係，更有助於增進雙方的工作效率，並使整個工作團隊受惠。

選擇適當時機，再提出建議／320
與上司打好關係，工作自然順利／325
做好本分，贏得上司信任／331
閃避迎面而來的攻擊／337
說話之前先動動大腦／340
正視別人渴望獲得尊重的心理／343
對付小人的最高境界／346
跟對上司才會有出路／349

10. 訓斥，代表期待與重視

公司裡最沒有前途的人，正是被上司忽視的人。所以被上司責罵時，不要感到不滿，應抓緊機會儘量吸取經驗與教訓，揣摩上司的心意，如此一來，下次自能有更好的表現。

如何輔導小錯不斷的下屬／354
部屬的能力決定自己的競爭力／357
欺騙對手也是一種有效手段／360
不知變通將導致失敗／364
傳播媒體是社交活動致勝武器／367
出差時，更要注重進退禮儀／371
做好上司的左右手／375
提出建議，要先博得上司同意／378
訓斥，代表期待與重視／381

01

有容人的雅量，才有成功的希望

領導者不妨想遠一點、想深一點，
以坦蕩的胸懷和氣度為人處世，
以寬宏大量面對他人行為，
才能為自己塑造出好形象，博得美名。

有容人的雅量，才有成功的希望

領導者不妨想遠一點、想深一點，以坦蕩的胸懷和氣度為人處世，以寬宏大量面對他人行為，才能為自己塑造出好形象，博得美名。

曹操被認爲是亂世奸雄，但事實上他的肚量相當寬大，而且他最終能夠成就功業、雄霸一方，與他「忍一時之氣，顧全大局」的大度有很大的關係，這點在「擊鼓罵曹」的故事中可得到印證。

當時，雖然禰衡痛罵曹操，但曹操面對禰衡放肆的態度時卻能從大處著眼，成功地克制住自己的怒氣。

故事中的情況是曹操請禰衡當魏軍的軍務秘書長，雖說曹操的動機很好，但是請來禰衡後卻不讓他做事，無形中傷害了禰衡的自尊，因此禰衡罵曹操手下無能人，並且自誇才能。

當時曹操大權在握，就要禰衡爲他擊鼓以羞辱禰衡，禰衡也不拒絕；只是擊鼓應換新衣，按規定儀式進行，但禰衡堅持只穿便衣擊鼓。儘管如此，禰衡畢竟是個是才子，擊了一曲《漁陽三檛》，讓在座的人都感動得掉淚。後來，曹操手下堅持要禰衡換衣，禰衡卻乾脆裸體擊鼓，並痛罵曹操是國賊。

此時曹操座下一片喊殺聲，要曹操除去禰衡，但曹操卻很冷靜，容忍了禰衡的行爲，因爲他不能背上忌才害賢的罪名，使天下能人對他望而卻步。因此，他故意派了件工作給禰衡，要他去勸說荊州的劉表前來投降，並派手下的重要謀士爲禰衡送行。這件事展現出曹操容人的雅量，更爲他博得了美名。

另外，當袁紹攻打曹操時，令建安七子之一的陳琳寫了三篇檄文。陳琳才思敏捷，旋即斐然成章，在檄文中不但把曹操本人臭罵一頓，而且還罵了曹操的父親與祖父，曹操當時很惱怒，氣得火冒三丈。

不久之後，袁紹兵敗，陳琳也落到曹操手中，一般都人認爲曹操必殺陳琳以解心頭之恨，然而曹操並沒有這樣做。

曹操敬重陳琳的才華，不但沒有殺他，反而盡釋前嫌委以重任。這種器量令陳琳非常感動，後來更爲曹操出了不少好計策，而天下能人看到曹操所展現出的大度後，也紛紛前來投靠曹操。

與曹操相比，同時代的吳國大將周瑜，肚量就形成鮮明的對比，顯得狹隘，所以兩人的結局也就截然不同。

周瑜是個將才，可是沒有容人的雅量；他聰明過人、才智超群，然而嫉妒心卻極重，容不下勝過自己的人。例如，他對諸葛亮的聰明才智一直耿耿於懷，多次想陷害他卻都不成功。

赤壁大戰危在眉睫，周瑜損兵馬、耗錢糧，卻讓孔明圖了個現成，因而氣得「金瘡迸裂」；後來周瑜用美人計，想騙劉備去吳國成親，但被諸葛亮將計就計，最後反而「賠了夫人又折兵」，又氣得周瑜「金瘡迸裂」。

最後，周瑜使用「假途滅虢」之計想謀取荊州，但被孔明識破，用四路兵馬圍攻，並寫信規勸他投降；看信之後，周瑜仰天長歎道：「既生瑜，何生亮！」連喊數聲而亡。

由此可見周瑜度量之小，無怪乎連同國的魯肅都說：「公瑾（周瑜）量窄，自取死耳！」

忍讓不是懦弱，相反的，更需要自信與堅忍的性格、遠大的目光才能做到。如果我們能夠寬宏大量，以諒解的態度對待別人，就可以化解矛盾，贏得他人的信任。

日常生活中，很多人往往不知顧全大局，卻對不值一提的小事耿耿於懷，這絕對不是應對困難的好方法；這種人在與人交往的過程中，總是意氣用事、度量狹小，因此會導致矛盾更深，問題更加無法解決。

小不忍則亂大謀，領導者不妨想遠一點，想深一點，以坦蕩的胸懷和氣度為人處世，以寬宏大量面對他人行爲與過失，如此不但能爲自己塑造好形象，博得美名，相信也有利於事業的推展。

用寬大的胸襟面對敵人

少一個敵人就是多一個朋友，多一個朋友就是多一條生路、多一個成功的機會。領導者若能了解這個道理，必能化危機為轉機，也能將事業推向高峰。

冤家宜解不宜結，無論是官場還是商場，都不宜結冤家。領導的要領在於率領團隊獲得最終的利益，爲了達成這個目標，就應該有大胸懷，並避免樹立敵人。

例如，作爲清朝開國君主的努爾哈赤就很有帝王的風範，能寬容大度，即使是面對射傷自己的仇人也是如此。

西元一五八〇年，努爾哈赤統率大軍攻打齊吉達城，由於消息已事先走漏了，因此當大軍抵達城下時，城上已嚴陣以待。

努爾哈赤決定強攻，自己身先士卒，一馬當先地衝進城去，連斃守軍數名。但努爾哈赤矯健的身影被城中勇士鄂爾果尼發現，立即暗發一箭，射中努爾哈赤的頭部，箭穿破了頭盔、破肉入骨。

在這緊急關頭，努爾哈赤眼盯箭手，忍痛拔出箭，搭弓便射，鄂爾果尼猝不及防，被射中大腿，應聲倒地。

此時戰況正激烈，努爾哈赤已無暇顧及傷情，帶傷繼續向前衝。在滾滾煙塵中，城中另一名勇士洛科又盯上了努爾哈赤，一箭射中努爾哈赤的頸部；因箭頭帶鉤，努爾哈赤使勁一拔，連肉也撕了下來，血流如注。他只好倚弓爲杖，勉強走下戰場，不得不放棄攻城。

幾天後，努爾哈赤的箭傷已好轉，不肯輕易放棄，於是又率領大軍重新攻城。敵方軍士前幾日已領教了努爾哈赤的厲害，他勇猛善戰的身影還歷歷在目，所以人人都十分害怕，兩軍才交戰不久，守城士兵便一觸即潰、四散而逃。

吉達城破之後，敵方的勇士鄂爾果尼、洛科二人雙雙被俘擄，被五花大綁地送到努爾哈赤面前。

眾將領見了他們都氣憤難耐，異口同聲地要努爾哈赤下令殺了他們，以解心頭之恨，但是，努爾哈赤只是笑著回答說：「這兩人射傷我是應該的啊！畢竟兩軍相戰，哪有人不想取勝的？況且，他們射傷我正代表他們盡忠為主，所以，我不但不殺他們，還要加以重用，因為這樣的勇士就這麼死了實在太可惜，應該讓他們成為我軍的助力啊！」

眾將領聽了之後連聲稱是，於是鄂爾果尼和洛克這兩名勇士不僅沒被處死，還被賜予俸祿官爵，官升一級。

事實上，這兩人如果射箭的力量再大一些，努爾哈赤可能已經不在人世了，此仇此恨可謂極大，但畢竟努爾哈赤沒有死，而且他是個有度量又眼光遠大的人，知道要實現目標，非得要有大量的人才來幫助自己，所以一筆勾銷這兩位勇士過去的仇恨，反將他們納入麾下，真可謂站得高、看得遠，難怪最後能成就霸業。

其實，這種謀略在商業戰場上也同樣有用。例如，W市有兩家勢均力敵、專營家用電器的公司：一是金鵬公司，一是長城公司。這兩家公司都想打垮對方，以便壟斷W市的家電市場，但都苦於沒有足夠的能耐。

終於，長城公司在一次彩色電視機的銷售中領先了，但沒想到事後被金鵬公司反刺一槍，氣得長城公司的領導者怒火中燒。

那是一九九〇年十二月的事，長城公司以低價購得「松下二一八八」組裝型彩色電視機一百台，由於當時正好是銷售旺季，因此這批電視機以高價銷售一空。金鵬探得底細後，便「好意」地爲顧客們鑑別彩色電視機的眞僞，並告訴他們組裝與原裝彩色電視機的差別。

結果，不少顧客爲自己上當而大鬧長城公司，並大肆宣傳長城公司出售劣質品欺騙顧客。見到這種情景，長城公司不得不取退還部分款項，再送每個購買者一台電風扇，以示歉意。

經一番折騰後，這場風波總算平息下來，但長城公司的損失也很可觀，兩家公司也儼然成了不共戴天的仇人。

過了兩年之後，W市又出現一家以經營家電爲主的新商店——華聯商廈。由於這個商廈位在市中心的繁華地段，交通方便、設施一流，而且商品豐富，因而顧客很快就流向華聯商廈。

金鵬、長城兩公司原以爲華聯的出現最多是形成三分市場的局面，豈料華聯出現後，這兩家公司的營業額直線下降，再下去恐怕連生存都有問題了。

兩家公司硬撐了半年，但商品囤積的情況日益嚴重，眼看著倉庫中貨物堆積，兩家公司的領導者都心急如焚。

長城公司的許總經理想到要將公司重新「包裝」一下，但初步估算的結果，沒有六百萬元很難幫公司改頭換面，因此不免又猶豫起來。

這個消息傳到金鵬公司的陳總經理耳中時，也正在尋找擺脫困境良策的他眼前一亮，心想何不兩家聯手呢？但想起過去的恩恩怨怨，又不免有些躊躇。

不過，事到如今，不行也得試試了，於是陳總經理寫了封信給許總經理，在信中力陳當前兩家公司所面臨的困難，提出兩家攜手以衝出困境。

正在尋求對策的許總經理收到此信後，看對方說得很有道理，再加上大敵當前，心知不應再爲前仇耿耿於懷了。

因此，兩人合力謀劃，將兩家公司合二爲一，再集中兩家公司的財力和心血後，煥然一新的長鵬家電城誕生了；這家新公司在經營種類、服務品質上下功夫，而且除了經營家電外，還建了一座長城服裝城，出售服裝名品。頓時，這間新公司吸引了大量顧客，銷售額直線上升；以往兩家公司所結下的仇怨，自然也在川流不息的顧客中煙消雲散了。

在商場上，少一個敵人就是多一個朋友，多一個朋友就是多一條生路，多一個成功的機會。在上述例子中，因爲兩家公司的總經理深明這點，所以能盡釋前嫌、攜手合作，爲兩家岌岌可危的公司開創了一番新局面。

「冤家宜解不宜結」，不論是在戰場、商場、政壇或任何人際關係中，領導者若能了解這個道理，必能化危機爲轉機，也能將個人的事業推向高峰。

懂得改變態度，才能站穩腳步

領導者要因對手的不同改變應對態度，若是以不變應萬變，必會處處受挫；能應時變化才能使你在錯綜複雜的世事中立於不敗之地。

在古代傳說中，有一種叫「泥魚」的動物。每逢大旱，池水逐漸乾涸時，其他魚類都因失去水分而喪失生命，但是泥魚卻依然悠閒自得。牠會找到一處足以容身的泥地，把整個身體都鑽進泥中不動；由於牠躲藏在泥中動也不動，處於類似休眠的狀態，所以可以待在泥中半年、一年之久。

等到下大雨，池塘中又積滿水時，泥魚才會從泥中鑽出來，重新活躍在池塘中，其他死去魚類的屍體就成了牠最好的食物，因而牠便能很快地繁殖，成為池塘的佔有者和統治者。物競天擇，適者生存，由於泥魚具有強大的適應環境能力，所以成了不死的奇魚。

同樣的道理，領導者要使自己立於不敗之地，也應該具備像泥魚這樣的適應能力，亦即要能適應外界情況的變化，適應不同對手的情況，靈活地運用恰當的方法征服對方、贏得勝利。

如果你遇上了強硬的對手，要視情況採取更強硬的態度；如果遇上了軟弱的對手，則不要盛氣凌人，應該溫文爾雅、侃侃而談，使對方樂於接受你的意見。

《戰國策》中記載，有一次秦武王對大臣甘茂說：「楚國派來的使者多數都很善辯，他們和我爭論的時候，我經常詞窮，無法應對，對這件事該怎麼辦才好呢？」

甘茂說：「大王不要憂慮！如果那些善辯的人來了，大王就不要見他們，也不要聽他們說話；如果那些軟弱的使者來了，大王就接見他們，看他們怎麼講。軟弱的人可以利用，善辯的人不能利用，大王只要靠這個原則就可以制伏他們了。」

當然，這個原則也不是絕對的，有時爲了達到某種特殊目的，不妨隱瞞自己實力，以軟弱的表現去對付強硬的對手，往往會得到意想不到的效果。

例如，三國時期，曹操為了試探劉備的實力，某天邀劉備到府邸中談話，兩人坐在涼亭中飲酒縱談，酒酣耳熱後，曹操說：「當今天下英雄，只有你和我而已！」

劉備此時正要挾菜，聽到這話十分驚恐，深怕曹操洞穿自己的圖謀，不禁將筷子掉在地上。恰好這時突然打雷，劉備趕緊藉此掩飾自己的不安，邊撿起筷子邊說：「古人說迅雷風烈必變，實在不假。」

劉備聞雷失箸的舉動大大寬慰了曹操的心，心想：「看來劉備並不是什麼豪傑之士，一聲雷鳴就嚇得他掉了筷子。」從此便不把他放在心上了，劉備也因此逃脫了曹操對他的監視和迫害。

這就是有名的「煮酒論英雄」，是典型以柔克剛的例子。

身為領導者要因對手的不同而改變應對的態度，若是一味地以不變應萬變，則必然會處處受挫。相反的，能應時變化才能使你在錯綜複雜的世事中遊刃有餘，立於不敗之地。

以變應變，方能不被淘汰

在變動如此快速的現代，若是無法跟上改變的「節拍」，必然會被時代淘汰。所以，若是想在變動快速的社會中站穩腳步，就得要順勢應變、善於變化。

在時勢變化時，想成爲一個卓越的領導人，一定得跟上變化的「節拍」，順勢應變、尋找出路，不然便會處在被動地位，最終會被時代的洪流吞沒。領導者必須要能順應時勢、善於變化，及時調整自己的行動，才會有傲人的成就。

在現今社會中，各種事物都以極快的速度在改變，因此身處其中的人也應該審時度勢、順勢而變才能取得成功。

以清朝的中興名臣曾國藩爲例，從他的一生「三變」中，我們便可以看到一個成大事者以變應變的處世之道。

曾國藩的處世之道其實就是靈活應變的態度和方法。因此，雖然他一生勤於功名，以儒家思想爲中心，恪守仁義的宗旨未改，但在做人處世的形式上，卻是一生三變。正是這「三變」使世人對他產生了褒貶，不過不管衆人的褒貶如何，若沒有這適時的「三變」，他便無法成就功業。

曾有記載說曾國藩「一生凡三變，書字初學柳宗元，中年學黃山谷，晚年學李黃海，而參以劉石，故挺健之中，愈饒嫵媚」，這是說習字的三變。

「其學問初爲翰林詞賦，即與庸鏡海太常遊，究心儒先語錄，後又爲六書之學，博覽乾嘉訓詁諸書，而不以宋人注經爲然。在京爲官時以程朱爲依歸，至出而辦理團練軍務，又變而爲申韓。嘗自欲著《挺經》，言其剛也。」這段話說的是曾國藩學問上的三變。

縱觀曾國藩一生的思想，是以儒家爲本，雜以百家爲用，上述各家思想幾乎在他每個時期中都有體現。但是，隨著形勢、處境和地位的變化，各家學說在他思想中呈現的強弱程度又有所不同，這種情況反映了他深諳各家學說的「權變」之道。

曾國藩的同鄉好友歐陽北熊曾經認爲，曾國藩的思想一生有三變。早年在京城時信奉儒家，治理湘軍、鎮壓太平天國時採用法家，晚年功成名就後則轉向了老莊的道家。這個說法大體上描繪了曾國藩一生三個時期的思想特點。

曾國藩紮實的儒家底子，是在京城當官時培養出來的，他用程朱理學這塊磚敲開了爲官的大門後，並沒有把它丟在一邊，反而對它進行更深入的研討；加上又在京城受到許多大儒的指點，使他在理學素養上有了極大的進步。

他不僅對理學證綱名教和封建統治秩序的一整套倫理哲學，如性、命、理、誠、格、物、致、知等概念有了深入的認識，而且還明瞭理學所重視的身心修養訓練系統，這種身心修養在儒家是一種「內聖」的功夫，通過這種克已的「內聖」功夫，最終達到治國平天下的目的。

另外，他還發揮了儒家的「外王」之道，主張經世致用。當時的大儒唐鑑曾對他說：「經濟即是經世致用包括在義理之中。」曾國藩完全贊成這種看法，並大大加以發揮；他非常重視對現實問題的考察，也重視研究解決的辦法，並提出不少改革措施。

曾國藩對儒家，尤其是對程朱理學的深入研究，是他這個時期的重要思想特點，而且這套理論、方法的運用，也貫穿了他一生。

太平天國起義後，曾國藩返回故里募集鄉勇練兵，很快就組織了湘軍。在對待和管理湘軍的問題上，他的主張與措施，表現出對法家嚴刑峻法思想的極力推崇。他提出要「純用重典」，認爲非要採用嚴酷的手段不可，而且他還向朝廷表示，即使他因此而得殘忍嚴酷之名也在所不惜。

事實上，他也確實是這樣做的，他設立審案局，對該局所逮捕的農民嚴刑拷打，並且規定不納糧者，一經抓獲即就地正法。在他看來，儒家的「中庸」之道在這時是行不通的。

他在一八五二年二月《與魁聯》的信中解釋說：「我在這裡設立了審案局，十天之內就處斬了五個人。局勢不安後，人們各自都懷有不安分的心思，一些惡人甚至造謠惑衆，希望天下大亂以便作惡爲害；若是稍微對他們寬大仁慈些，他們就更加囂張放肆，光天化日之下竟敢搶劫、作亂，將官府視同虛設。因此，如果不拿嚴厲的刑法處治他們，那麼壞人們就會起而效仿，等到釀成大禍時就無法收拾了。所以，哪怕只能產生一丁點的作用，也要用嚴酷的措施來挽回這敗壞已久的社會風氣。我身爲讀書人，哪喜歡大開殺戒呢？但因被目前的形勢所逼迫，不這樣做就無法剷除強暴，進而安撫軟弱的善良百姓們了。」

至於曾國藩在爲官方面，則恪守「清靜無爲」的老莊思想。他常表示，對名利需懷有退讓之心，特別是在太平天國的敗局已定，即將大功告成之時，這種思想更加強烈，兔死狗烹的危機感一直縈繞在他心頭。

他寫信給弟弟說：「自古以來，權高名重之人沒有幾個能有善終，要將權力推讓出去後，才能安想晚年。」

因此，天京被攻陷後，曾國藩便立即遣散湘軍，並作功成身退的打算，以免除清朝政府的猜忌。

在不同的時期有不同的思想，說明了曾國藩善於從諸子百家中吸取養分以適應不同的情況。由曾國藩一生的經歷可知，善於順應時勢、靈活應變是每個成功領導者應有的素質。

特別是在變動如此快速的現代，若是無法跟上改變的「節拍」，墨守成法、不知變通，必然會被時代淘汰。所以，若是想成就一番功業、想在變動快速的社會中站穩腳步，就得要順勢應變、善於變化。

先發制人，才不會受制於人

突發危機對領導者是個考驗，不過領導者遭遇困難的同時，危機也可能是轉機，只要能先發制人，往往可以讓領導者佔據主動位置，化不利為有利。

突發事件與危機常常使領導者周圍環境中某些因素發生重大改變，進而使環境對領導工作產生極不利的影響，使領導者在決策時的不確定性增大。同時，由於突發危機對組織具有強大的破壞性，所以對領導者的應變能力是個考驗，對領導的應變藝術也是一個檢驗。

領導藝術著重於從事物的複雜關係中判斷出最重要、最有決定意義的東西，這種才能在領導者處理突發危機時會表現得特別明顯。

另一方面，突發事件是突然發生、無例可循、首次出現的事件，總是令人難以預料、措手不及，但又關係到組織的安危，不得不處理，而且還要處理得好。

突發危機對領導者的領導能力是個考驗，不過領導者遭遇困難的同時，危機也可能是轉機，只要能先發制人，往往可以讓領導者佔據主動位置，化不利為有利。

在中國古代的政治鬥爭中，運用先發制人最典型的例子是秦王李世民所發動的「玄武門之變」。

李淵統一天下後，李世民與太子李建成之間便展開了皇位繼承權的爭奪戰。李建成因為是嫡長子而被立為皇太子，取得了傳統、合法的太子地位。李世民雖是李淵的次子，但從最初的謀劃起兵，到統一天下，都扮演決定性的角色，是大唐眞正的締造者。

李世民長期在外征戰，手下人才濟濟，既有尉遲敬德、秦叔寶、程咬金等威名赫赫的猛將，又有房玄齡、杜如晦、徐懋功等足智多謀的文士，他們都希望李世民能取代李建成，成為太子。

此外，李淵的四子齊王李元吉也對太子之位虎視眈眈，並揚言：「只要除了秦王，做太子就易如反掌了。」

李世民早已明瞭自己正處在這場權力鬥爭的漩渦之中，但因時機尚未成熟，未敢輕舉妄動。正當這場政治風暴蓄而未發之時，恰好遇上突厥又一次進犯大唐邊境，太子李建成藉機加快了對李世民的迫害，但是，李世民以超群的智謀先發制人，取得了最後的勝利。

首先，他命長孫無忌將房玄齡、杜如晦從宮中召回王府議事，然後授意朝臣傅奕上奏李淵：「太白星出現在秦地分野，預示秦王將執掌天下。」最後，他親自面見李淵，拋出掌握已久的一張王牌，揭發建成、元吉淫亂後宮的事實，促使李淵決定審問兩人。

武德九年六月四日，李世民與部將潛入禁宮，埋伏於玄武門。當建成和元吉走到臨湖殿，發覺情勢不對想要回轉時，李世民立即率眾殺出，李世民彎弓搭箭，將建成射死，尉遲敬德也一箭射死元吉。

隨後，李世民逼李淵下達「太子受秦王處分」的詔旨。六天後，唐高祖李淵立李世民為太子；當年八月，高祖退位，李世民登基為帝，是為唐太宗。

先發制人也是外交活動中常用的應對之策。

相傳在三國時代，某次諸葛亮派費禕出使吳國。在費禕進來之前，孫權先與大臣們說好，等費禕進來時，大家只管吃自己的，不要抬頭理他。過一會兒，費禕被請進大廳後，孫權立即放下筷子和酒杯，與他打招呼，然而吳國的大臣們都只顧著吃，對他不理不睬。

費禕看到這種情景，立即悟出了其中的道理，於是便先發制人地說：「鳳凰來翔，麒麟吐哺；騾驢無知，伏食如故。」吳國的大臣們一聽，馬上停下杯箸，抬起頭來面面相覷。孫權見衆臣無人能與之對答，而費禕又得意地朝他一笑，不禁十分尷尬。

此外，在軍事活動中採用突然的戰術，實際上也具有先發制人的意義。

一九三九年九月一日凌晨四點五十分，當波蘭軍隊還在酣睡時，德軍已出動了兩千三百架飛機和上萬門大炮，向波蘭全境進行猛烈的轟炸和炮擊；之後，德軍六十四個師隨即以每晝夜三十至五十公里的速度向前推進，因此不到一個月的時間，波蘭全境就被德軍佔領了。

一九四一年六月二十二日凌晨四點，德軍出動一百八十一個師、兩百八十一個旅、四千九百八十架飛機、三千二百五十輛坦克車向蘇聯發動「閃電式」的進攻，一周之內就攻入蘇聯境內數百公里，使蘇聯在戰爭初期蒙受了重大的損失。

另外，在一九四一年十二月七日四點三十分，日本悄悄地完成了偷襲珍珠港的準備，六點發起突襲，九點五十分結束，在三個多小時的攻擊中，日本共炸毀了美軍各型船艦三十九艘，擊毀了美軍飛機兩百三十架，炸傷了四千五百七十五人，使美軍太平洋艦隊幾乎全軍覆沒。

一九六八年八月二十日深夜十一點至二十一日凌晨，前蘇聯聯合波蘭、東德、匈牙利和保加利亞等國，出動二十五萬軍隊、八百架飛機、七千輛坦克，共同從地面和空中向前捷克進行突擊，短短六個小時內就控制了局面。

以上這些軍事行動，雖然出兵的目的都非正義，但是在軍事應變中所運用的先發制人手法，卻相當值得我們參考。

懂得批評的藝術，才不會讓人發怒

批評應該針對對方的行事，而非針對對方本身。這樣的批評不但無法達到勸諫的效果，反到會令對方惱羞成怒，進而會破壞彼此間的關係，不可不慎！

英國首相布萊爾曾經說過：「領導必須具備的說話藝術，在於說『不』而不是說『好』，因為說『好』太容易了。」

的確，一個高明的領導者必須具備向部屬說「不」的智慧，而且還必須在部屬犯錯時恰當批評，讓部屬心服口服地欣然接受，遵照自己的指令行事。

批評是一種藝術，領導者要做到批評別人還使對方心服口服，就要講究竅門，下面談談一些可行的批評方式。

一、請教式批評：

有個人在一處禁止垂釣的水庫邊網魚，這時從遠處走來一位員警，釣魚者心想這下糟了。

但員警走來後，不僅沒有大聲訓斥他，反而和氣地說：「先生，你在此洗網，下游的河水豈不被污染了嗎？」

這種請教式的批評令釣魚者十分不好意思，趕忙道歉。

二、暗示式批評：

某工廠的工人小王要結婚了，主任問他：「小王，你們的婚禮準備怎麼辦呢？」小王不好意思地回答說：「依我的意見，婚禮簡單點就好，可是丈母娘卻說她就只有這個獨生女……」

主任說：「喔，不過我們工廠內的小玉、小靜也都是獨生女啊！」

在這段話中，雙方都用了暗示性的話語。小王的意思是婚禮得辦得豪華些，而主任則暗示別人也是獨生女，但她們的婚禮還不是辦得很簡單？

三、模糊式批評：

某個政府單位為了整頓紀律，召開員工大會，在會上領導人說：「最近，我們單位的紀律整體而言很好，但有個別的同事表現較差，有的遲到早退，也有的則在上班時間聊天打混……」

這裡用了不少模糊語言：「最近」、「總體」、「個別」、「有的」、「也有的……」等等。

這樣既顧全了同事的面子，又指出了問題所在，這種說法往往比直接點名批評的效果更好。

四、安慰式批評：

年輕時期的莫泊桑曾向著名作家布耶和福樓拜請教詩歌創作，這兩位大師一邊聽莫泊桑朗讀詩作，一邊喝香檳酒。

布耶聽完後說：「你這首詩雖然不甚通順，不過我讀過更壞的詩。這首詩就像這杯香檳酒，雖不美味但還是能喝。」

這個批評雖然嚴厲，但留有餘地，仍給了對方一些安慰。

五、指出錯時也指明對：

大多數的批評者往往把重點放在指出對方「錯」的地方，但卻不能清楚地指明「對」的應該怎麼做。

有人會批評別人說：「你非這樣不可嗎？」基本上這是一句廢話，因爲沒有實際內容，只是純粹表示個人的不滿意罷了。

六、別忘了用「我」字：

一位女性對她的同事說：「妳這套時裝過時了，眞難看。」

這只能是個人的主觀意見，他人不見得能認同。

正確的表達方式，應當說明那是「我個人的看法而已，僅供參考」。這樣，別人比較能接受，也才有興趣瞭解你爲何有此看法。

批評總是不動聽的，所以領導者在開口之前，最好多想想。

另外，批評應該針對對方的行事，而非針對對方本身，不然就是人身攻擊了；這樣的批評不但無法達到預期的效果，反到會令對方惱羞成怒，進而會破壞彼此間的關係，不可不慎！

為批評披上幽默的外衣

幽默式的批評能讓場面變得輕鬆、有趣，使得被批評者能輕易地接納你的批評，進而去思考自己不當的行為，改善自己的缺點。

想要成爲一個傑出的領導者，必須具備幽默感，不得不批評部屬的時候，更要設法加點幽默。只要懂得這個竅門，許多管理難題都會迎刃而解。

一個管理者最大的忌諱就是聲色俱厲地批評部屬，使他們覺得自尊心受到羞辱，如此只會讓部屬和自己設定的目標悖道而馳。

但是，培養幽默感並非易事，運用之時更要看場合。

若把握得不好，在批評中加入幽默往往會使批評帶有諷刺的意味，使被批評者反感；但只要運用得當，在批評中加入幽默的元素常會有意想不到的效果。

例如，我們可以針對別人的錯誤說一個含有啓迪意味的幽默故事，從側面提示對方的錯誤與不當的行爲，使他在笑聲和輕鬆的氣氛中反省自己的過錯。以下這個小故事正是幽默運用得當的好例子。

有一次，幾個屬鼠的男同學在期中考中考了滿分，這些人相當得意，甚至有些驕傲自大了起來。

他們的導師發現之後，對他們說：「怎麼這麼得意啊？你們知道得意代表什麼嗎？」

那幾個學生心想，糟了！老師接下來必定會責備一番，但是，出乎他們的意料之外，老師只是說了一個有趣的小故事。

老師說：「我曾聽過這麼一個故事。有隻小老鼠外出旅遊，恰好看到兩個孩子在下獸棋。小老鼠看著他們下棋，看著看著，竟發現了一個天大的秘密，那就是儘管獸棋中的老鼠會被貓吃掉、被狼吃掉、被老虎吃掉，不過卻可以戰勝大象！」

「看到這個情景，小老鼠心想，原來我才是眞正的百獸之王呢！這麼一想，小老鼠就得意了起來，從此瞧不起其他任何動物。有一天，他甚至大搖大擺地爬到老虎背上，恰好老虎正在打瞌睡，懶得動，只是抖了抖身子。」

「有了這個經驗後，小老鼠因而更加驕傲、得意，於是他趁著黑夜鑽進大象的鼻子，大象覺得鼻子癢癢的，就打了個大噴嚏，瞬間小老鼠就像炮彈般地飛了出去，就這麼飛呀、飛呀，飛了好久才掉進臭水溝裡。」

「好，現在請人家看看『臭』這個字是怎麼寫的呢？『自』、『大』再加一點就是『臭』字。有趣的是，今年正好是鼠年，班上也有不少屬鼠的同學，那麼，這些『小老鼠』們會不會也掉到臭水溝裡呢？我是想不會，但前提是他們得收斂自己驕傲、自大的心理。」

說到這裡，老師還特意看了看那幾個同學，幾位同學當然明白，老師的批評全包含在那個有趣的故事中了。因爲故事相當有趣，所以幾位同學很快就接納了老師提出的批評，並改正了自己的缺點。

這位老師恰當地使用幽默的批評方式，透過老鼠驕傲自大的有趣故事，從側面暗示同學驕傲、自滿的心理，並以老鼠糟糕的下場來說明這種心態必然會導致惡劣的後果。因爲老師的比喻貼切、用詞風趣，所以學生不但不會感到諷刺，還了解了自己的缺失所在，進而願意改善自己的行爲。

由此可見，使用恰當的幽默式批評能有多大的效果。

人人都不喜歡聽批評，甚至明知是自己有錯，聽到批評時還是會產生不滿的情緒，也無法心甘情願地接納，進而改善自己的錯誤。所以，若要使對方能接納我們的批評、說服對方改善自己的缺失，提出批評時就要多用點技巧，幽默式的批評就是很好的辦法之一。

幽默式的批評並非正面抨擊對方的缺失，所以不會讓被批評者太過難受，而且還能讓場面變得輕鬆、有趣，被批評者也能輕易地接納你的建議，進而思考自己的不當行爲，改善自己的缺點。如此，你提出的批評才能發揮效果。

能把握時機，才能創造成功的契機

時機總是一閃而逝，平時就應做好準備，這樣時機出現時，才能眼明手快地抓住它；若是它就停留在眼前仍不知把握，那就很可悲了。

時機未到之時，必須學會等待，但是，倘若時機來臨後仍消極沒有作爲，那這種人就是最愚蠢、最可悲的人了。

機遇伴隨時間而來，也伴隨時間而去，它和時間一樣，都是來去匆匆的過客，機遇出現之時，如果你不牢牢將它抓住，那麼它將和時間一起從你的指間滑過，留給你的只是無限的悵惘和遺憾。

只有那些能看準時機，並主動去把握時機的人，才能成爲成功者。

例如，戰國時代身懷異能絕技的遊說之士成千上萬，但是眞正獲得地位和財富、取得成功的人卻寥寥無幾。這些飛黃騰達的成功者無不是善於主動出擊，能牢牢把握住時機的人。

秦國宰相范雎在位十年之久，受到秦昭襄王充分信任，在內政和外交上都為秦國做出了很大的貢獻，使得秦國建立了牢不可破的霸主地位；他的權勢不僅在秦國國內，連對其他諸侯都有很大的影響力。

但是，在范雎為相的後幾年，卻出現了令他「懼而不知所措」的事情。

在他擔任宰相的第七年，由他推薦並被提拔為將軍的鄭安平，在一次和趙國的戰爭中，苦戰不敵之下率兵投降。過了兩年，也是他推薦的河東太守王稽，因為私通諸侯而被誅。

按照秦國當時的法律規定，投降罪和私通外邦罪都是殺頭重罪，並且推薦者也必須連坐，也就是說，推薦者和犯罪者一樣，都得被砍頭，只是由於范雎深受秦昭襄王的信任才被獲免。

雖然僥倖逃得一命，但相繼發生的這兩件事仍在范雎心裡留下很深的傷痕，也讓他感到恐懼和不安。

這個消息傳開後，那些早已虎視眈眈等候時機的各國能人異士們，見到難得的良機降臨，莫不大感興奮。

燕國有一位名叫蔡澤的說客，聽到消息後認爲「機不可失」，於是立即動身前往秦國；一到秦國，他便託人介紹，晉見范雎。其實，遊說的人和被遊說的人都是說客出身，蔡澤現在的情形和十五年前范雎的經歷大同小異，這使得范雎不禁產生物換星移的滄桑之感，苦笑著接見了蔡澤。

蔡澤對范雎說：「逸書上有記載：『成功者不可久處。』你該趁這個時機辭去相位，才算聰明，這樣人們才會讚譽你的清廉如同伯夷，同時你也才能如同赤松子（仙人名，相傳為神農時雨師）般享有長壽。如果你只知晉升、不知隱退，只知伸、不知屈，只知往、不知退，必然會給自己帶來禍害。」

范雎答道：「是的，我曾聽人說：『欲而不知止，則失其所以欲；有而不知止，則失其所以有』，你確實說得對。」

幾天之後，范雎就進宮推薦蔡澤，並自求隱退；昭襄王雖然挽留他，但范雎辭意甚堅，並假託重病在身，最後終獲應允。蔡澤主動出擊，成功地抓住機會推薦自己，最終獲得了宰相之位。

由以上的例子可知，即便你能力再好，如果不知把握眼前的大好時機，那一切都是枉然，最後還是無法成功。

時機總是一閃而逝，想登上卓越領導者寶座的人，平時就應做好準備，這樣時機出現時，才能眼明手快地抓住它。若是不小心讓它溜走，甚至是它就停留在眼前仍不知把握，那就很可悲了。

沒有苦難的磨練，怎能光彩耀眼？

人上之人難為，正是因為這樣的人需要經過常人所不能忍受的困苦與考驗；磨練雖令人痛苦，只要咬牙撐過去，在後面等著的就會是無窮盡的寶藏了。

想要成為優秀的領導者，機遇尚未降臨的時候，要有不屈不撓的勇氣，並且運用這段經歷充實自己。

法國作家安德烈．紀德曾經寫過一段話，勉勵想要有所成就的人堅定自己的信心：「當哥倫布發現美洲的時候，他知道他航向何處嗎？他的目標只是前進，一直向前進。」

苦盡才會甘來，吃得苦中苦，方可練就一身本領，成為人上之人。

艱苦的生活是對人的一種磨練，是對品格意志的考驗，也是培養自己遠大理想和堅強實力的最佳途徑。一個卓越的領導者，只要能夠忍受住艱苦，就不怕人生道路中的任何障礙了。

明代大儒宋濂家境貧寒，但他仍抓住一切機會苦讀不輟。他在《送東陽馬生序》中曾經回憶這段歲月說：「我小時候非常好學，可是家裡很窮，沒有辦法買書讀，所以只能向有豐富藏書的人家借書來看。因爲沒錢買不起，所以借來以後，就趕快將書中內容抄錄下來。我不敢浪費任何一分一秒，生怕到時不能還給人家。」

正是他這麼苦讀好學，才造就他豐富的學識。

有一次，天氣特別寒冷，冰天雪地、北風狂呼，以至於硯台裡的墨都凍成了冰，宋濂的手指也凍得麻木了，但他仍然苦學不止。抄完書後天色已晚，因此他只能冒著寒風，一路跑去還書給人家，不敢超過約定的還書日期。因爲這麼守信，大家一則因爲同情，一則因爲敬佩，都願意借書給他，他因此也就能博覽群書，爲以後的成就奠定了基礎。

面對貧困、饑餓和寒冷，宋濂不以爲意、不以爲苦，將全部心思都傾注到學習中。到二十歲成年後，就更加渴慕向賢達之士學習，因此常常跑到幾百里外的地方，向自己同鄉中那些已有成就的前輩虛心學習。

其中有一位同鄉前輩的名聲很大，有不少人趕去他那裡學習，因而恃才傲物，對大多數人都不屑一顧。

那時，宋濂就站在他旁邊，手拿儒家經典向他請教，並且俯下身子、側耳細聽，唯恐遺漏了什麼。有時，那位名氣很大的同鄉對他提出的問題感到不耐煩，就大聲叱責他，他則臉色更加恭敬、禮節更加地周到，完全不敢反抗，等到老師高興時，再去向他虛心請教。

後來，他覺得這種學習方式並不是長久之計，於是就到學校裡拜師學習。為了求知，他一個人背著書箱，走在深山峽谷中，寒冬的大風吹得他身影搖晃，數尺深的大雪把腳下的皮膚都凍裂了，等到他舉步惟艱地走到學館時，人幾乎快凍死了，四肢也僵硬得不能動彈。

宋濂在學館的日子裡，每天都吃不飽，更別說品嘗什麼美味佳餚了。和他一起學習的同學一個個衣著華麗，戴著鑲有珠寶的帽子，腰裡佩著玉環，左邊佩著寶刀，右側戴著香袋，整個人光彩奪目。但宋濂不認爲那有什麼快樂，絲毫也不羨慕他們，總是穿著樸素無華的衣服，照樣刻苦學習，因爲只有從書中，他才能得到自己喜愛的東西——知識。他根本沒有把吃得不如人、住得不如人、穿得不如人這種辛苦放在心上。

正因爲宋濂能忍受窮苦、努力向上，最後才能成就一番事業，成爲歷史上著名的文學家。反觀當時他那些家境富裕、生活奢華的同學們，後來又有幾個有所成就，足以名留青史呢？

人上之人難爲，正是因爲這樣的人需要經過常人所不能忍受的困苦與考驗。雖然「吃得苦中苦，方爲人上人」的道理人人都懂，但在現實生活中，眞正耐得住辛苦的人依舊寥寥無幾。

身爲領者必須牢記一個簡單的道理：考驗與磨練雖令人痛苦、難過，但只要咬牙撐過去，在後面等著你的就會是無窮盡的寶藏了。

02

樹立權威，也要給下屬發言機會

領導者除了樹立權威之外，
也要採納員工有建設性的意見，
激發員工的工作熱情，
使他們的自我實現
與公司的目標結合在一起。

和下屬分享功勞，下屬會表現更好

若是部屬發現自己付出再多都得不到回報，甚至功勞還被上司搶走，自然不想再貢獻自己的心力。

部門主管向上邀功，想得到上級領導者的褒獎，這種行爲和動機可以理解。但前提必須是，所邀的功勞確確實實是本人應得的，並非瞞著下屬或者從下屬那裡強搶硬奪來的，否則職場生涯必定不平順。

事實上，有一部分主管正是如此。每次部門得到什麼好成績，向上邀功的時候，他們都會把下屬撇在一邊，好像成績都是自己一個人做出來的，跟部屬一點關係都沒有。

面對這樣的結果，下屬怎能心服？

身為主管，如果做出搶奪下屬功勞的行為，絕對令人無法容忍，因為這等於抹殺了他人為此付出的全部努力，讓他們的時間、精力和心血白白浪費。

一些精明幹練主管的共同缺點就是喜歡指揮下屬，不太相信部屬的能力，雖然已分配工作，自己卻仍不肯放鬆。因此，他們對下級的要求相當嚴厲，絲毫不具同情心，就連聽到部屬要求休假，都會表現出極度不悅。

當然，他們工作時相當賣力，而且會負起全責，因此每一個細微部分都要插上一手，即使在上司面前，也從不錯過任何表現自己的機會。但像這種情形，難免會導致一種結果，那就是上司將部屬的功勞佔為己有。

某公司的物流組長甲就是這種類型的主管。他表面上似乎很民主，常會聽取部屬的意見，並說：「這看法不錯，你將這些看法寫成書面報告，這星期內交給我。」

部屬們聽了這句話自然很高興，踴躍地提出各種企劃，爭相發表意見，而且其中大部分也都為組長採用。然而，每一次發表考績時，部屬們卻發現一切成績都歸功於組長一人，所以一年後，甲自然完全被部屬叛離。

甲感到很迷惑，不瞭解部屬叛離的原因，心想：「是他們的構想枯竭了嗎？那麼再換些新人進來吧！」於是和其他部門交涉，調換了幾個新人。

這些新人一進來，甲就向他們提出要求：「在物流組裡，每個員工要發揮分工合作的精神，希望大家能夠同心協力，提高物流組的業績。」

然而，卻無人理會他，部屬們心想：「物流組的功績最後都歸於你一個人，你老是搶下屬的功勞，如此我們怎可能盡心盡力？」

將功勞完全歸於自己，是主管最容易犯的毛病。主管們要注意，任何工作絕不可能始終靠一個人完成，即使部屬只提供一些微不足道的協助，也要表現由衷的感激，絕不可抹殺他們的努力。

若希望部屬盡心盡力為部門付出，就應在他們表現良好時，給予實質上的回饋與鼓勵，若是部屬發現自己付出再多都得不到回報，甚至功勞還被上司搶走，自然不想再貢獻自己的心力與創意。

唯有尊重部屬的功勞，公平對待工作成績，才能使屬下盡力付出、盡心貢獻。

妥善面對異議，計劃才會順利

分配工作時，難免會引起一些員工的不滿，此時絕不可仗著自己的地位高，就不理睬對方的異議。

在工作中，領導者可能碰到下述情況，當急切要求員工處理某件事情時，卻聽到他回應：「對不起，你之前分配給我的工作，我還沒有做完，所以請你另找他人吧！」或者告訴員工應該如何做某件事時，他們卻說：「那毫無用處。」

面對類似情況，身爲領導者，該怎麼辦呢？

在多數情況下，如果員工有如此直接的反彈表現，說明心中存有極大不滿，所以領導者的首要任務不是如何處理員工的異議，而是應盡力找出造成不滿的原因。

凱薩琳是一家大型社會服務組織的經理助理，現任經理突然離職後，她被選爲這個職位的接棒人。對於其他同事來說，這無疑是個不愉快的打擊，因爲他們當中許多人認爲自己和凱薩琳的能力相差無幾，但卻沒有獲得升遷，這是不公平的。在嫉妒心驅使下，他們開始刻意拖延任務或「忘記執行」凱薩琳的指示，在在影響凱薩琳的工作進度。

面對這種棘手的情況，凱薩琳就必須動用眞正的「外交手段」擺脫困境。於是，凱薩琳立即冒險下令召開會議，她明白這意味著自己將一個人單槍匹馬地面對衆多反對者。

她把大家召集到新辦公室裡，非常從容和藹地說：「對於你們所關切的事以及處理這件事的態度，我十分在意。我希望你們知道，大家沒有理由不像以前那樣共同努力工作。我們以前是朋友，現在仍然是朋友。」

然後，凱薩琳立即變換了嚴厲一點的口吻：「既然我被指定負責這項工作，就一定得執行上級的命令並把任務分派給你們。請記住，這是必須完成的任務。當然，我們之間的溝通管道永遠暢通，儘管存有矛盾，我會盡最大努力與你們協調溝通，也歡迎你們隨時提出意見。」

當領導者對下屬保證自己會全力協調、溝通時，同時也使下屬意識到了自己的責任，如此方能順利對付下屬的異議。

面對上述情況，應該向下屬暗示，他們同樣也有責任把私人利益放在一邊，做好自己應該做的工作。

領導者面對下屬員工的反對意見時，可採取以下幾個辦法解決問題：

一、事先預期會遭到反對

在分派一項十分困難的任務時，應事先設想會遭遇反對意見，畢竟任何人都喜歡接受輕鬆簡單的工作，不願意承擔責任和風險，甚至犧牲自身利益。

因此，領導者在分派一項困難的工作前，一定要事先做好計劃，仔細考慮如何妥善、平均分配此一任務，同時參考員工的反對意見，做出適當調整，然後不遺餘力地進行引導、勸說工作。

二、不要過分在意

領導者應該明白，自己不必立即答覆每一項異議，也不必把反對意見當成是對職位或職業生涯的一大威脅。

正如一位經驗豐富的業務經理所說：「我只是坐在那邊點頭，然後繼續陳述我的觀點。我知道自己沒有必要停下來回覆那些異議，也許那根本就算不上什麼問題。我聽到別人提出異議，但這並不影響我的思考，因爲我知道問題會一直在那兒等待解答。」

三、做出某些調整

對於某些異議，可以先聆聽並記錄下來，讓員工繼續工作，然後對工作步驟做些適當調整。往後當他們再次提出那些異議時，就可以詳細解釋爲什麼得做這些改變，這時他們一定會表示理解。

四、善於感謝員工

用「請」或「謝謝」感謝員工對公司的關心。這點做起來非常簡單，但是許多主管卻常常忽視，總用命令的語氣指示員工，如此當然容易引起下屬的不滿。

領導者在分配工作時，難免會引起一些員工的不滿，此時絕不可仗著自己的地位高，就完全不理睬、不回應對方的異議，甚至強制要求員工執行自己的命令。如此，會使員工心中的不滿更加強烈，並且破壞整個辦公室的工作氣氛。唯有對這些異議做出妥善回應，才能安撫反彈者的情緒，使工作順利進行。

待人誠懇，才能贏得人心

若想贏得愛戴與敬重，得學習誠懇的待人處事態度，並仔細傾聽下屬的意見。發自內心的誠懇，必會拉近上司與下屬之間的距離。

林肯可說是美國歷史上最得民心的總統之一，因而後世許多人著手研究林肯的魅力，想明白何以一位沒有特殊背景，還曾窮得三餐不繼，甚至外表不但不出色還有些奇怪的窮律師會那麼受到人民的愛戴？

根據研究，大多數人認爲「誠懇」是讓林肯獲得成功的主要原因之一。

在上下級關係的處理上，用誠懇拉近人與人之間的距離，甚至籠絡人心，都是效果非常好的方法。當然，這種情感一定要眞正發自內心，若是戴上面具，「誠懇」就不叫誠懇，而是虛僞，即使暫時拉住了人心，日子一久也會被人看穿。

林肯的誠懇態度，不只表現在言談與重大決策之中，透過許多小地方與對待小人物的方式，更能看出他誠懇的態度，無怪乎能獲得美國人民的愛戴與敬重。

林肯剛剛當選總統時，有一天收到一個小女孩的來信，信裡寫著：「總統先生您好，我的名字叫葛麗絲，住在紐約州的西費爾德村，我寫這封信給您，是想建議您留鬍子，如果您留鬍子，相信一定會變得很英俊。」

林肯在百忙之中抽空回了封信給這個小女孩：「葛麗絲妳好，很高興收到妳的來信，我很希望採納妳的意見留起鬍子，可是我才剛選上總統，若留鬍子，可能會讓許多選民不認識我。」

過了幾天，林肯又收到小女孩的來信：「總統先生，我看過您的照片，實在是太嚴肅了，若是您留起鬍子，看起來就會好些，我相信別的女孩也和我一樣，對一位沒有鬍子的嚴肅總統感到很害怕。」

後來，當林肯由伊利諾州搭乘火車前往華盛頓就職時，特別要求在西費爾德村停下來。他站在尾端的車廂旁，對蜂擁而至來看新總統的民眾高聲說：「有一位名叫葛麗絲的女孩住在這裡，曾經寫信給我，如果她在的話，請站出來好嗎？」

這時，一位興奮得滿臉通紅的小女孩，驚喜地從人群中走出來，大聲說：「總統先生，我在這裡！」

「嗨！葛麗絲。」林肯彎下腰，由欄杆間伸出手握住女孩的小手，並且說：「妳看，我特別爲妳留了鬍子，這樣是不是比較英俊些呢？」

葛麗絲開心地回答道：「您是我所見過最英俊的總統。」

小女孩的來信對日理萬機的總統而言，只是一件微不足道的小事，她的建議甚至看似有些荒唐，更對國政毫無幫助。但是，林肯的回應表現出他待人誠懇的態度與重視人民意見的心態，這正是他贏得民心的關鍵所在。

同理，領導者若想贏得愛戴與敬重，就得學習林肯誠懇的待人處事態度，並仔細傾聽下屬的意見。發自內心的誠懇態度，必會拉近上司與下屬之間的距離，更使辦公室內的工作氣氛和睦、愉快。

建立權威，使下屬服從指揮

下屬若不能無條件服從上司的命令，可能會使計劃無法落實，反之，下屬如能確實執行指令，企業在競爭中定能勝人一籌。

「軍人以服從命令爲天職」，這句話的意思就是說，軍人面對命令沒有絲毫討價還價的餘地，必須無條件地執行。

據說成吉思汗領兵治軍時，下屬只要聽說是大汗的命令，即使不明白，也沒有任何人敢怠慢。成吉思汗發佈集合命令後，總是默默地數著手指頭，當他數完十根指頭後，沒到的人定斬不饒。所以，每次集合，多半等成吉思汗數到第八根手指頭時，大軍就已排列得整整齊齊。

在成吉思汗的軍隊裡，大汗的權威比天高，大汗的命令就是至高無上的法律，必須毫無條件地執行，這個概念已貫徹到每一名士兵的靈魂深處。這就是他以少勝多、橫掃歐亞的秘訣。

某位赫赫有名的足球教練，每當發現運動員的頭髮過長，必定苦口婆心地勸他們剪短。這麼做的關鍵並不在於球員頭髮的長短，在於他們是否服從教練的指示。如此，可使球員養成服從命令的習慣，此後在賽場上，對於教練的話即使不明白，也會絕對服從，這才是他要達到的目的。

這與國外風行的「洗腦教育」頗有異曲同工之妙。所謂「洗腦」不外乎只教一條規則，並且持續數個小時以上，當事者即使心存反感，也必須按照要求做。這種訓練方式會使人喪失思考能力，於是只好來者不拒，照單全收。

此種方法與訓練軍隊也有類似之處。新兵入伍時，往往採取「斯巴達式」的各種強化訓練。這種做法的優點，在於下屬的身體既已疲憊不堪，便沒有提出異議的精力和餘地，從而會無條件服從上司的命令。長期下來，便可建立上位者的權威，使下屬自然而然地絕對服從指令，日後即使有再好的理由，也未必會提出異議。

在一般企業中，上下屬之間也有權力結構存在，下屬必須服從上司的指示。若下屬不能無條件服從上司的命令，那可能會使計劃無法落實，達不到預定的目標。反之，如果能完全發揮命令系統的機能，讓下屬確實執行上司的指令，企業在競爭中肯定能勝人一籌。

但是，這項服從命令的要求，並非要對新進員工以訓練軍隊的方式加以訓練，是爲了避免他們在初期由於對環境陌生，可能對上司指令產生反感和疑問。

爲防止此種現象，並能有效地管理與領導下屬，不妨讓這些新進員工從一開始就遵守一些不成文的規定，例如「新進人員必須在上班前三十分鐘到達」，或「新進人員在進入企業一年之內，必須身著公司制服」等。如此一來，即可使下屬逐漸養成無條件接受命令的習慣，並確立上司權威。

樹立權威，也要給下屬發言機會

領導者除了樹立權威之外，也要採納員工有建設性的意見，激發員工的工作熱情，使他們的自我實現與公司的目標結合在一起。

獨裁是人類本性的一部分，但在領導者身上，卻是一個致命的缺陷。既然如此，爲什麼許多領導者陷入居高臨下的獨裁作風無法自拔呢？

管理學者認爲，至少有以下四個原因：

- 沿襲傳統：研究過往歷史，獨裁、居高臨下的領導作風一直廣爲流行。
- 司空見慣：雖說有各式各樣的領導方式，但居高臨下仍是最常見的一種。
- 操作簡單：直接命令下屬該做什麼，比採用其他領導方式更容易、簡單。
- 本性影響：人類本性中生來就有獨裁的因子，況且「領導者」從字面上看來，就是一個人在另一群人之上。

針對居高臨下、獨裁的領導作風，近些年來已有不少討論。新的名詞不斷湧現，如參與型管理、「平面」組織風格、民主領導作風，或者公僕型領導，這是包括所有新型領導模式的管理方式。

關於這種與眾不同的領導風格，羅伯特．格林寫過一本《公僕領導》，副標題是「通往合法權力和偉大的旅程」。

他爲公僕領導的內涵做了如下定義：「一種新的道德原則正在形成，它要求凡值得下屬擁戴的權威，必須以明確昭然的公僕形象贏得人心，使眾望所歸。遵循這一原則的人不會隨便接受現存機構的權威，相反的，他們會自願遵循被選為領導者的人，因為這些人像僕人一樣經過考驗，足以挑起重任。」

道格拉斯．麥格雷戈在《企業管理中人性的作用》一書中，則提出著名的「X理論與Y理論」領導風格。

基本上麥格雷戈認爲，人們具有眞誠做出貢獻的意願，如果讓所有員工認同企業目標，成爲企業的合法主人，他們就會管理自己，並發揮出最大潛力。

X理論強調指導技巧和透過權威實現控制，相反的，Y理論則強調人際關係的重要性，即將個人目標企業成功結合成一體。

X理論的內容主要是：

- 大多數人本能地厭惡工作。
- 大多數員工胸無大志、缺乏責任心，寧願接受上級指揮。
- 大多數人在解決組織內部問題上，總是缺少創造力。
- 滿足生理和安全上的需要，是員工工作的主要動力。
- 大多數人必須被嚴加管理，並被強迫為了團體的目的工作，才會產生進取心。

Y理論則強調：

- 工作在有利的條件下，自然如遊戲一般。
- 為了實現團體共同的目標，自制力不可缺少。
- 人人都有解決組織內部問題的能力。

- 工作動力來源於社會、尊重、自我實現等心理、生理和安全需求。
- 如果正確地激發員工積極性，人們就可以獨立並富有創造性地工作。

傳統獨裁式的領導管理風格，傾向於X理論，十分強調領導者的絕對權威性，而且不信任下屬的工作能力，要求下屬必須絕對服從並確實執行上級的命令。

但Y理論則指出一個新的思考方向，強調透過正確、充滿激發性的管理方式，能使員工樂在工作並妥善自我管理，以發揮最大的潛能與創造力。

自麥格雷戈提出Y理論之後，傳統的獨裁式領導風格開始逐漸修正。現在企業中的領導者除了樹立自身權威之外，也會鼓勵員工發言，並採納有建設性的意見，同時在管理的過程中，激發員工的工作熱情，使他們的自我實現與公司的目標結合在一起，上下一心地往預定目標邁進。

真有本事，就不怕沒人賞識

其實若真有本事，用不著炫耀，別人自然會看到，一味炫耀自己，結果只會適得其反，讓人留下負面印象。

「群眾的眼睛是雪亮的」，一個人的表現如何，別人看得一清二楚，因而任何人都無須刻意炫耀自己，也不可炫耀自己。尤其作爲領導者，更不可炫耀自己的地位，特意展現自己的高明與權威性。就如老虎雖然威嚴兇猛，但從不翹著尾巴走路，總是夾起尾巴前進，牠的威嚴發自內在，不是靠自我炫耀。

領導者不可炫耀自己的原因在於，第一，他所處的地位本來就比其他人優越，旁人對他又多存有戒心，這種戒心往往是羨慕、嫉妒和畏懼的混合物。這時，領導者若刻意炫耀自己，無疑是強調身上那些被人羨慕、嫉妒和畏懼的特質，這會使旁人更加嫉妒，這種感情甚至可能轉爲憤恨不平。

尤其，若下屬是一個年齡、資歷、能力等各方面都與上司旗鼓相當的人，那麼更容易對領導者產生不滿和怨恨。即使是原本對領導者敬畏有加的人，見到領導者炫耀、囂張的態度時，心裡也會想：「這傢伙眞自以爲是、不知羞恥。哼！當主管有什麼了不起！」

總而言之，炫耀的態度必會引起部屬的不滿。

其次，領導者需要代表企業和社會大眾接觸，高層主管也是如此。社會大眾一般比較認可的領導者形象，多是沉穩、有涵養、虛懷若谷的。

因此，若是刻意炫耀自己的才能與權勢，必會在大眾面前留下負面印象，人們會認爲這個領導者淺薄、幼稚、虛榮，像個初出茅廬的孩子，眞能夠管理好企業嗎？一旦社會大眾產生懷疑，要再改變他們的想法可就難了。

況且，領導者的形象就代表企業的形象，因而領導者形象壞了不光是一個人的事情，同時也損害整體。若一間企業的對外形象不佳，自然就難有更大發展。

第三，即便身爲高級主管，只要還沒有爬到權力的頂峰，就仍有晉升機會，然而炫耀的態度會毀了自己的前途。因爲這種態度會使下屬心生不滿，進而不願意配合指示，如此即便有不同凡響的新計劃，也很難落實，更難做出成績。

有些領導者炫耀自己倒不是出於虛榮心，是因爲他們感到有強調自我價值的必要。希望透過這種方法，使下屬敬畏、佩服他，以便往後能順利地指揮下屬。

在社會上，他們希望獲得大衆的信任，以期爲企業帶來更多利益；至於在上司面前，他們則希望得到賞識，如同「毛遂自薦」一般，能從同伴中脫穎而出，爲自己創造晉升機會。

上述那些出發點都是好的、正向的，然而做法卻不正確。其實，若眞有本事，別人自然會看到，一味炫耀自己，結果只會適得其反。假如情況特殊，有必要介紹自己的工作能力和業績，那自然當仁不讓，但也必須實事求是，切不可誇大其辭，同時，必須態度沉著、語調平穩、用詞恰當，以免讓人留下負面印象。

領袖魅力使領導者無往不利

唯有具備領袖魅力的領導者，才會讓員工拚命付出、死命追隨，成為一位成功的領導人，完成許多不可能的任務。

所謂領導，即是百分之九十九的個人魅力，以及百分之一的權力行使。

領導，其實就是個人魅力的極致發揮，影響他人合作和達成目標的歷程。印度聖雄甘地也支持這種說法，曾說：「領導就是以身作則來影響他人。」

一個人之所以會心悅誠服地爲領導者或組織賣力工作、奮鬥，絕大多數原因，是因爲該名領導者魅力十足，能像磁鐵般吸住大家的心，激勵大家勇往直前。曾經聽到一位部屬推崇他的上司說：「你和他在一起的每一分鐘，都能感受到他渾身散發出來的光和熱。我之所以賣命工作，正是因爲他本身散發出一股強大的魅力，深深吸引我向前邁進。」

從領導效能的觀點來看，不得不承認，個人魅力的影響力遠勝過權力。多少年來，有關管理、領導的書籍和研究報告不勝枚舉，討論的主題涉及組織領導、領導者行爲、權力領導，內容包羅萬象，最近則十分流行「領導才能」。

這些重要的管理議題，都包含了許多不錯的想法。不過，事實上，這些想法都可以精簡成一句話：「與其做一位大權在握的領導者，不如做一位渾身散發著無比『魅力』的領導者。」

帶人要帶心。要想成爲一名成功的領導者，得先具備相當程度的魅力與影響力，否則很難實現管理的第一個課題——贏得部屬的信賴和忠誠。

有位成功企業家在研習會裡，曾單刀直入地告訴學員：「在現實世界中，眾所皆知的一流管理者，無一例外地都有一種罕見的人格特質，亦即處處展現出領袖的魅力與風範。他們不但能激發下屬們的工作熱情，又具有高超的溝通能力，能對屬下動之以情、曉之以理，渾身散發出吸引人前進的力量。尤其重要的是，他帶領的團隊必定屢創佳績，擁有一連串傲人的輝煌成就。」

對下屬員工而言，是否追隨一名英明又具領袖魅力的領導者，比他自己的職位高低和薪資、福利多寡，要來得重要許多，因爲那才是眞正促使人們發揮最大潛力與創造力的魔杖。

知名的社會心理學家瑞吉歐博士曾說過：「每個人都有一方魅力的沃土，等待開墾。」

既然領導者已明瞭培養自身領袖魅力的重要性，那該從何處做起？要注意哪些基本原則？

如果希望成爲一位更具魅力的領導者，首先要做的第一件事情，就是趕緊培養能吸引追隨者的超凡特質——「跟我來」。

要使追隨者「跟我來」，必須先懂得如何激發部屬們的追隨動機。如果領導者能確實做到下列數點，就會具備與眾不同的魅力，激發下屬的追隨動機，不妨一試。

•每個人都希望受到重視，所以要設法讓下屬感到本身很重要，並竭盡所能地滿足他們這項要求。

•推動自己的遠見與目標，並說服屬下相信這項目標值得他們全心投入。

•想獲得別人怎樣的對待，首先要那樣對待別人。換言之，如果想使部屬追隨自己，就要先付出關心並公平對待他們，將改善他們的福利視為首要之務。

•要為自己的行為負責，也要為屬下的行為負責。千萬不要將責任推給別人，或對屬下見死不救，這必定會失去屬下的信賴。

運用獎賞與強制力管理下屬也許有一定成效，但唯有具備領袖魅力的領導者，才會讓員工拚命付出、死命追隨。假如一個領導者能做到這點，就能成爲一位成功的領導人，完成許多不可能的任務。

選好自己的接班人

在選接班人時，要多儲備幾個人選，這幾個人自會相互競爭、力求表現。這不但具有訓練效果，更能顯露各人的才能。

要追求企業經營的發展前途，選擇恰當的接班人選是件相當重要的事，這是任何企業領導者都要面臨的問題，只是呈現的形式不同而已。不論是有任職期限還是沒有明確任職期限的企業領導者，都要趁自己在位時物色並培養好未來的接班人，否則當自己退休後，企業就會陷入混亂，甚至一蹶不振。

接班人不應只有一個，最好是複數人選。當然，到最後必定只有一個人爬到最高位置，但未到最後關頭，不要做出決定。

過早確定接班人，除了不利於自己，還會影響其他候選人的工作態度，畢竟結果如果已內定，再奮鬥也沒有價值了，而且對於接班者本人而言，也容易滋長驕傲的情緒，甚至萌發野心提前「奪權」，使一個優秀人才毀於一旦。

在選接班人時，要多儲備幾個恰當人選，這幾個部屬自然會奮力爭先、相互競爭、力求表現。然後，再以增強個人工作經驗為由，不停地互調他們的職位，這個辦法不但具有訓練效果，更能顯露出各人的才能和短處。

另外，可以在適當的時候給予獨挑大樑的機會，看他是否能有所作為，這種實習對接班人來說絕對必要。

當企業面臨危境、人事更迭頻繁時，更要選好接班人，但這時已沒有時間培養與發現人才，只能完全看領導者的眼力和膽識了。

美國克萊斯勒汽車公司在經營狀況好時，曾獨佔百分之二十五的美國市場。但二次世界大戰後，汽車業不景氣，加之以繼任者無能，公司銷售額直線下降，到一九六二年，市場佔有率跌至百分之八。

克萊斯勒汽車公司的弱點，就在於第一任總經理傲慢成性、獨斷專行，難以找到理想的接班人。

繼任者克拉曾在公司擔任高級主管達十五年之久，但他是以技術起家的技術主義者，不擅長市場推銷工作，自我滿足於新型汽車的設計與製造，但對市場開拓毫無熱情。這導致公司的業績衰落，溝通管道阻塞，加上內部紛爭，無疑使克萊斯勒公司的經營狀況雪上加霜。

克拉的接班人，即第三任總經理克爾巴特，曾採取分權化，可是過於獨立的體制卻又造成事業部門黨派化，有些部門甚至根本無視整個體制，因而使公司內部更加混亂不堪。最終，克爾巴特只好急忙縮小事業部門，但是由於經營方針失去一貫性，產生了衆多野心家。

例如，在經營上失去信心的克爾巴特，看重尼巴克在業績上的貢獻，想栽培他，沒想到卻因此助長了尼巴克的野心。尼巴克看克爾巴特遲遲不交棒，便在股東大會上收買部分股東，驅逐克爾巴特，自己趁機坐上總經理之位，然而他任職九週後便被迫辭職。這件事成爲克萊斯勒公司的最大污點，使公司名譽嚴重受損。

為解決經營問題，克萊斯勒董事會自一九五八年以來，便以擔任常務董事的美國實業界大亨勒布為中心，重建克萊斯勒公司。勒布擔任董事長之後，選拔副總經理達芬特擔任第五任總經理。

當時達芬特年僅四十二歲，在經營方面的能力完全未知，所以選用達芬特，不僅是勒布個人一生中最大的一次冒險，也是克萊斯勒公司所下的「世紀賭注」，但當時已到了非賭不可的地步。

達芬特面對險惡的局勢，毫不猶豫地挑起重擔。他不陷於偏重技術的錯誤，決定產品方面仍讓專業技術人員負責，自己則全力處理經營、管理工作。他針對公司的處境，制定了向海外發展的戰略，在十九個國家建立據點，使克萊斯勒公司的勢力急速擴張，並席捲歐洲、日本市場，終於起死回生。

由此可見，領導者選什麼人當接班人，對企業有非同小可的影響。

既要分權，領導者也要掌握大權

雖然在現代企業管理中，分權放權是共同的趨勢，但擴大下屬的自主權也不能走向極端，應以不威脅最高領導者的權力為前提條件。

通用動力公司是支撐美國國防的重要企業，但曾一度面臨倒閉的危機。當時，空運八八〇開發計劃失敗，公司成了一條「受傷的巨龍」。危難之際，是羅查·路易士擔當起拯救企業的重任。

動力公司是由赫金斯創建，以個人力量發展了龐大的事業，並取得成功，但在企業組織和科學管理方面卻做得不盡理想。因此，路易士決定在完成八八〇計劃善後工作的同時，集中力量改革公司的組織。

當時，通用動力總公司的經營管理狀態軟弱無力，事業部的力量過強，這使內部出現一種奇怪現象，即員工不信任領導者的能力，使領導者的大權旁落。

路易士見此情形，認爲：「公司如要重生，務必重建領導者的權威。」

他一上台，就志在恢復企業領導者的統治權，首先把過去一年只須提出四次的事業部門資金狀況報告，改爲每月提出一次。路易士深信不疑的是，經營權力的集中化能讓他在重建權威的同時，提高公司所有員工的向心力。

他接著又將十二名重要幹部中的十名高級主管調離總部，進行內部重要幹部的更替。他展現的強大魄力與決斷力，提高了總經理的控制力和權威。

此外，路易士極力抑制事業部門的權力，形成總部集權新體制。他如願以償地收回了領導權，並在人事上進行了徹底的調整。

從此之後，路易士令出如山，所有指示都能貫徹到底，這是通用動力公司以前從未有過的現象。當然有人批評他的做法太粗暴、太武斷，但是路易士不以爲然，他說：「這種粗暴的做法，是爲了重建公司不得不採用的暫時手段，是在此生死存亡之際，必須執行的暫時體制。」

的確，許多企業之所以面臨倒閉，困擾他們的一大問題就是人事。路易士大舉更換大部分重要幹部，最後結果也證明這項決定的正確性。他受到幸運之神的青睞，在空軍無人戰鬥機F?111型的訂購上取得極大成功，獲得一千七百架價值七十億美元的巨額訂單，公司由此恢復生機，邁向成功。

通用動力公司過去的弊病在於過分放權，使企業最高領導者失去控制與指導下屬的權力，造成公司內部混亂。雖然在現代企業管理中，分權放權是共同的趨勢，但擴大下屬的自主權也不能走向極端。放權分權是以保證治權統一爲前提，不能威脅最高領導者的權力爲條件。

只有領導者對企業保持統一指揮，企業才能在競爭中取勝。

03

讓員工參與管理，增加凝聚力

領導者推動改革時，
要多參考下屬的意見，
並向所有員工耐心解釋。
唯有讓員工認同新做法，
新的管理方式才可能順利推行。

用心關懷下屬，給予適當鼓舞

把員工轉給心理專家之後，主管也應負起追蹤到底的責任，必須再度溝通，鼓勵員工表明自己的想法，甚至建議解決問題的辦法。

現代員工在配合工業技術升級的情況下，面臨著更大的工作壓力，這種龐大的壓力還強烈威脅著員工的身心健康。因此，領導者如果要使員工全心投入工作，以提高整體生產力，就要主動地認識與解決員工的個人問題，這才是有效利用人力資源的策略，也是促使員工加強對公司向心力的秘訣。

近年來，一些競爭力較強的美國公司紛紛成立「員工協助」單位，目的在於提供員工心理上的輔導與幫助，以期解決員工的個人與家庭問題。

無論公司中是否有具體設立這種管理制度或單位，關心員工的心理健康仍是現代管理趨勢中重要的一環。要做好這種心理輔導工作，領導者首先得與員工面談。

面談時要注意下列原則：

•在時間方面，選擇一個星期中的前幾天而不是接近週末的後幾天，選擇早上而非下班之前，總之，儘量避免佔用員工休息的時間。

•選擇讓員工感覺有隱私的地方，譬如辦公室附近安靜的咖啡廳、可供散步的花園或公司內的會議室，使面談的過程中不受干擾，讓員工輕鬆自在地吐露心事。

•使用「我」而不是「你」的關心語言。譬如：「我對於你造成的意外事件感到焦慮不安」，不是「你這樣焦慮不安，會引起許多意外事件」；「我對你不理睬命令的行為感到生氣」，不是「你用不理睬命令的方式激怒我」；「我要與你談談」，不是「你來找我談談」。

•注意聆聽，不武斷地做任何建議或判斷，此外，要將談話的內容保密，會談後不與其他同事討論細節。

此外，在知道自己無法解決員工的問題時，要轉而尋求專家的協助。與員工交談後，如果發現員工還有其他不良行爲的傾向，則要轉送給公司特約的心理輔導專家，或者提供心理治療的機會，讓員工自行選擇。

心理疾病的前兆常表現爲容易生氣、悲哀或恐懼、感到孤單、憂鬱、情緒不穩、會酗酒或吸食藥物、無法專心工作、容易失眠、有自殺的想法、有體重肥胖或厭食的煩惱、總是缺乏自信、容易害羞、對工作或對這個世界感到悲觀、人際關係不良、缺乏激勵自己的欲望。

若主管發現員工有上述這些特徵，就應多關懷員工，如果確定員工確實有心理方面的疾病，得勸他及早就醫。

還有，將有個人問題的員工轉給心理專家之後，主管也應該負起追蹤到底的責任。在第一次面談之後的兩個星期內，主管與員工必須再度溝通，鼓勵員工表明自己的想法、感覺與意見，甚至建議解決問題的辦法。總之，必須讓員工感到上司的關懷與公司內的溫暖，鼓勵他重新振作起來。

讓員工參與管理，增加凝聚力

領導者推動改革時，要多參考下屬的意見，並向所有員工耐心解釋。唯有讓員工認同新做法，新的管理方式才可能順利推行。

領導者與下屬之間的關係永遠處於矛盾狀態。領導者若想提高管理水準，就要不斷地改善管理辦法、增添新規章、推行新方案。但是，下屬則多半認爲，沿用舊的辦法沒有什麼不好，反正以往執行時不是很順利嗎？爲什麼要改來改去？只是多增加工作量與麻煩罷了。

這兩種心理交織在一起，就會有矛盾產生，就會影響工作進度。雖然領導者可以做出硬性規定，強制下屬無條件執行，但效果未必良好，有時還會適得其反。

每個人都有自尊，強迫人改變習慣與行爲，對方就會有種自尊被傷害的感覺。但事實上，他從前執行任務的方式，也並非自己發明的行爲模式，只是因爲習慣而被自己認同的方式。

基於這一觀點，領導者想改變管理辦法與模式時，可以採用一種既維護員工自尊又促使員工改變做法的方式，就是「參與式」的管理。在需要改善管理方法時，讓所有員工參與並做決定，告訴他們公司必須做出改變的理由，使他們瞭解整個方案的制定過程與結論，從而自覺地執行新指令。

這種做法看似要多花費一些時間，但因爲結論是大家討論決定的，所以在執行時會受到大多數人的支持與配合，實際上反倒能獲得更好的效率。

「參與式」的管理會使員工有受到重視的感覺，在心情愉快的狀態下開展工作，這是領導者期望的企業氛圍。那麼，怎樣使下屬有參與感呢？

領導者可採用下列兩種方式：

•使下屬瞭解實情

有些領導者分配工作時，只是吩咐下屬如何進行，並不說明爲什麼要做這件事，好像不願意下屬聽到更多商業機密，以防情報外洩、節外生枝。

當然，企業的核心機密、重要情報只有領導級人物才能掌握，但是一般的工作安排，乃至一個階段性的計劃，這些具體部署與工作內容都應該讓有關工作人員知曉前因後果。這樣做的好處是：

•使下屬有主動精神，工作時不但明瞭工作指令，更瞭解整項計劃的前因後果，如此可以發揮自己的創造精神，想出更好的方法達到目的。領導者不把下屬的手腳束縛得太死，才能使下屬的才能充分展現。

•可以讓下屬感到被尊重，因而參與感更強，責任心也會更強，下屬知道如何做、如何做好，就會把公司的事當成自己的事情般盡心處理。

•有利於各部門之間的配合與協調，各個部門不僅知道自己在做什麼，也知道其他部門在做什麼，所以彼此可以協調工作，避免不必要的重複勞動，和因為不熟悉情況而造成的失誤與資源浪費。

因此，高明的領導者總是讓下屬瞭解實情，讓下屬每一個人都明確知道自己應該如何進行工作，也知道自己的工作在整個計劃中的位置。

●讓下屬參與企劃

聰明的領導者都知道善用這個技巧：當公司要決定一件重要事項時，會讓下屬參與會議，提供自己的意見。

這麼做的好處有兩個，一是與下屬商量之後，往往能得到意想不到的收穫，因爲領導者常因顧慮太多，反倒失去重要的創造力。

二是給予下屬參與企劃的機會，可培養下屬對公司的歸屬感與團隊精神，而且對員工來說，這種舉措可以使他們工作積極、愉快。

以上兩種方式，都非常強調下屬參與的重要性。換句話說，當領導者在推動改革、改變管理辦法與模式時，不可一意孤行，要多參考下屬的意見，並向所有員工耐心解釋公司採用新辦法的前因後果。

唯有讓員工明瞭與認同新做法，新的管理方式才可能順利推行。

學會妥善授權，領導工作就不難

領導者選人要認真、慎重，若是授權對象頻繁更換，既不利於被授權者累積經驗，也不利於工作順利推行。

所謂授權，就是領導者授予被管理者一定的權力，使他能夠自主地對授權範圍內的工作進行決斷和處理。授權後，領導者仍有指揮、檢查與監督的權力，被授權者負有完成任務與報告進度的責任。

在日常工作中，領導者可以糾正部屬的錯誤，但不應代替部屬做決定，不能干擾部屬的權力。所以身為領導者，必須明瞭「充分授權」的重要性。

領導者授權時應注意的問題主要有四個：

●對企業內的權力結構應有全面規劃、整體設計

授權不是一件簡單的事情，如果僅根據一時一事的需要就隨意授權，勢必導致權力結構失調和紊亂。

領導者應該明瞭，任何一個單位都是一個整體，都有自己獨特的結構，因而也應有與之相應的合理權力結構。

所以，領導者在授權之前，必須用系統論的觀點，對公司各部門的權力結構做全面規劃，認眞思考哪些權力應該留在領導者手中，哪些權力應該下放，哪些權力應該下放給哪些部門或哪些人。這些問題都應在全局觀念的指導下，明確擬定解決辦法。既不能出現權力空檔和眞空，又不能出現權力重複、界線不清的狀況，以保證權力系統順暢、有序地運轉。

另外，有時工作臨時出現狀況，如發生嚴重災害事故，權力體系中沒有專門機構或個人分擔此項事務時，可以採取臨時授權的辦法，指派專人負責處理。事情處理完畢，授權也就結束。

．要認明授權的對象

應根據授權事項的性質和難易程度，選擇最合適的人，力求所選的人有充足能力承擔該項工作。人皆有長短，做這件工作不行，可能很擅長做另一件工作，領導者要「用其所長，避其所短」。

如果一時沒有合適的人選，寧可保留這項權力暫不下放，待將來有合適者再授權，或者以「代理」的名義暫時授權。如果發現被授權者實在不能勝任時，也可將權力收回，另選合適的授權對象。

總之，領導者選人要認眞、愼重，絕不可草率、匆忙行事，一經選定，就不宜輕易更換授權對象。

若是授權對象頻繁更換，既不利於被授權者累積經驗，也不利於工作順利推行。

．應對權責做出明確規定

授權時，對部屬具有的權力和所負的責任均應有明確規定，切忌含糊不清、模稜兩可，或者過於籠統，並且應在相應範圍內廣爲宣佈。

這樣做既便於被授權者執行任務，也避免他推諉責任。同時，也要使每個人都知道上司、同事和部屬的權力和責任，便於相互配合和相互監督。

● 不要過多地干涉部屬

授權後，領導者應本著「用人勿疑，疑人勿用」的精神，充分信任部屬，讓部屬在他的職權範圍內自主地工作，不能什麼事都不放心，把權力緊抓著不放。領導者若對權力不放手，只會抵銷授權產生的積極作用。

但不多干預不等於不聞不問，對於被授權者的工作情況，領導者可以超越指揮階層去聽取基層員工的意見，以便更深入地瞭解實際情況，需要時給予被授權者指導和幫助，不可以授權後，就讓自己和群眾之間的資訊溝通受到阻礙。

剛柔並濟，與下屬建立良好關係

一個優秀的領導者對待下屬時，必是剛柔並濟，既會嚴格督導下屬的工作表現，也會在下屬表現優異時，不吝給予鼓勵。

作為一名精明的領導者，一定要處理好自己與下屬的關係，對待下屬要寬嚴有度，切不可對下屬肆意責罵，把心中的悶氣全發洩在下屬身上。

一名優秀的領導者就算自己的職位比別人高，也不會恣意妄為，懂得廣納建言，因此才能獲得屬下的愛戴。

身為領導者，若只知道埋怨下屬的能力不足，那根本不配做名領導者，因為領導者的責任之一，就是要領導、督促下屬，使部屬發揮最大潛能，成功地完成一個又一個任務。

所以，正確的做法是指導、督促下屬，逼使他更勤奮、更主動。

例如，交付一份文件時，要將要求講清楚：「請替我列印三份，等一下交給我，還有，請仔細核對有沒有錯字，因爲我要立刻寄出去。」如果下屬沒有做好，再嚴肅地告訴他：「這個錯誤不能再犯。」

交代工作時，要一個任務接一個任務地指示，不要一次又一次地吩咐，以免下屬不知所措，但也不要讓下屬有太多空閒的時間，可以這樣對他說：「今天有四項重要工作，上午先幫我準備下午開會用的文件資料，在十一點前交給我，然後替我草擬兩封信給A公司。吃過午飯後，我再告訴你其他工作內容。」

這麼說代表已爲下屬安排好一整天的工作，不容浪費一分光陰。

另外，若是公司新聘用了一位員工，而且分派到你所屬的部門，可是在新員工進公司之前，外界就有不少關於他的負面傳聞與評價，此時身爲他的直屬上司，你應該如何處理呢？

那些負面傳聞或評價，必會使人對那位新部屬或多或少有些戒心，但最好將這些消息放在心中就好，別用有色的眼光對待新人，態度也應該客觀中立。畢竟，就算新部屬以往在別家公司的表現不佳，也不代表他往後的表現會不好，因此，不應事先就對他懷有成見，甚至處處刁難他。

若是新調換至一個部門當主管，必定需要一段時間適應環境。不知所措是最常見的狀況，但也是最要不得的心態，畢竟若連主管都不知所措，怎能指揮下屬？怎能贏得新下屬的敬重呢？

所以，調換至新部門後，應立即將部門內所有工作列成一張清單，然後將任務逐一分配給下屬進行。

同時計算一下，這些新分配給下屬的任務，要多花費他們多少時間。必須確保部門的工作不會中斷或受到妨礙，也不會有人承受過大工作量或有人太輕鬆，若出現這種狀況，就代表新的工作分配狀況不合理，應立即做調整。

還有，重新分配工作時，最好令每一位下屬都能接受新穎或更具挑戰性的任務，最好讓他們感覺到自己深受新主管的器重。同時也可以私下與下屬舉行一些小型聚會，促進彼此間的感情。

另外，當下屬回報一個難題時，別只是告訴對方：「先放著，我再看看該怎樣解決吧！」或是「我再想想辦法，晚一點再答覆你。」如此，只會被下屬回報的難題淹沒，平添自己的工作負擔。

雖然接收下屬的難題可以立刻解決問題，但這樣做，一則不能磨練下屬的能力，二則使自己花費時間與心力在下屬應處理的瑣事上，無法致力於眞正重要的工作，這就有點本末倒置了。

領導者的任務是分配工作和指導下屬有效工作，但並非得事事親力親爲，所以當下屬回報難題時，就將難題交回給下屬吧！可以對他說：「先讓我們一起看看問題在哪裡，我會給你必要的支援，但我希望最後由你解決問題。」

如果那個難題確實棘手，可以對下屬說：「我們已經研究過所有辦法，雖然似乎仍找不出確切答案，但應該頗接近了，你可以在一個星期讓我知道答案嗎？」

這樣一來，就表示自己已經伸出援手，但責任仍是對方的。然後，就暫時忘記這件事，只須等下屬再次回報就好，將精神放回本來的工作上。

一個優秀的領導者對待下屬時，必是剛柔並濟，既會嚴格督導下屬的工作表現，也會在下屬表現優異時，不吝給予鼓勵；既會給予下屬眾多磨練自我能力的機會，也會在下屬確實需要支援時，立即給予幫助。

若能做到這些，領導者就能在下屬面前建立權威，同時深得下屬的愛戴，進而使部門的工作順利開展。

言行一致，博得下屬信賴

員工會拿放大鏡仔細檢視領導者的行為，詳細記錄他的一言一行。如果領導者在如此不斷地被打量中言行一致，就會贏得下屬的信任。

在某場演講中，美洲銀行前總裁克勞森說他經歷過一次嚴峻的考驗。當時，他爲了激勵員工曾提出一個構想，就是如果下一年公司的業績好轉，每一個員工將得到十張公司的股票。

只是，他剛宣佈了這一決定後，不久就收到了一封員工的匿名信：「你又來了。承諾、承諾、再承諾，明天、明天、永遠是明天。請你說說我們『今天』到底能得到什麼呢？」

這封匿名信給克勞森帶來沉重的精神負擔，因爲他不知道是誰寄出這一封信，因而他在之後整整一年中，感到所有員工都在監督著他，使他每日戒慎警惕，絲毫不敢懈怠。一年後，公司的業績確實提高了，每位員工也都眞的收到十張股票，結果克勞森又收到一封匿名信：「你果然信守承諾。」

克勞森說：「我那時就像一個剛被釋放的囚犯，才眞正感到輕鬆與自由。」

在還未收到第二封匿名信之前，克勞森都面臨著信任危機。因爲員工缺乏對管理階層的信任，管理階層發出的資訊就不具說服力。

雖然對員工們來說，爲了保住飯碗必須保持表面上的服從，但內心卻可能是抱著「走著瞧」的態度。有的人漠然處之，有的人滿腹牢騷，順從者沒有創意，積極工作的人也只是在爲自己工作，一有機會就打算另謀高就。在這種狀況下，由於員工不信任主管，新計劃就很難推行。

領導者要施行一項計劃時，如果不能贏得員工的信任，處境將十分尷尬。

在接受一個新計劃時，每個員工要重新找到自己的角色定位，這時領導者就如導演一般，引導員工進入角色。要做到這一點，強制規定不僅不能奏效，而且可能適得其反。領導者如果無法獲得員工信任，新計劃的成效必定不佳。

從心理學的角度探討，要取得內在服從的效果，資訊的發出者（資訊源）必須具有可信性，資訊接受者對發出者的信任，是決定說服是否成功的第一要素。如果缺乏信任，人們對不具可信性的資訊源發出的資訊就不會理睬。

管理學家戈登・F・謝亞於《在工作場所創造信任》一文中，指出了這種悖論式的現象：「我們花費了一生的時間來建立自己與朋友和家庭成員之間的信任關係，但是，我們往往僅用三十分鐘向新員工說明工作流程之後，就希望他們成為成功和有效率的員工。」

企業組織及人際關係中的信任並沒有一個客觀標準，是由人們的主觀判斷與評價決定。不過，一般而言，一個人的能力與個人品行、人格魅力或吸引力，以及對外的表達方式，會影響別人是否對這個人產生信任感。

除上述三點之外，一個人言行的一致性也是一項重要影響因素，缺乏這種美德的人，將被認爲不能擔負重任。所以，在面對下屬員工時，領導者必須使自己信守言行一致的行事原則。

尤其員工們多半會拿放大鏡仔細檢視領導者的行爲，詳細記錄他的一言一行，更不時重新思量一番，以解釋那些言行的意義何在。如果領導者在如此不斷地被打量、重新解釋中，一言一行的意義是一致的，就會贏得下屬的信任。一旦被人發現言行不一、前後矛盾，他的職業生涯就會面臨巨大危機，下屬不再相信他說的話，甚至不聽從他的指示，而且要再重新建立起信賴關係，必得花費極大心力。

對一名領導者而言，一致性的原則應貫穿以下幾個方面：

‧目標一致

明確的目標一旦宣佈後，在任務設計、計劃安排上就應體現這一目標，否則就會相互矛盾，並且這種一致性還要求領導者即使遇到困難也要貫徹實現目標。

換言之，宣佈目標本身就是種風險，領導者只能義無反顧地勇敢承擔下屬的評價。

‧言行一致

矛盾的言行將會造成混亂，尤其若是領導者的言行相悖，總是說一套做一套，更會造成組織內部混亂，下屬員工將不再聽從上司指示，我行我素，領導者將失去權威與約束下屬的能力。

・角色一致

領導者是一個多重角色的承擔者，對內是領導人物，對外是組織代表。作爲個人，他還有許多社會角色，像是丈夫或妻子、父親或母親、朋友與同學等等。集衆多角色於一身會使領導者面對各種要求，有時也很難保證這些要求是相互一致的，這就會對領導者產生一定的心理壓力。若是承受不了這種壓力，就可能衍生許多精神與心理疾病。

在領導者的事業發展中，眞正的管理精神正是在克服這種壓力中形成的。若要使承擔的各種責任統一在自己完整的人格基礎上，一個領導人應富於理想精神與開放精神。贏得下屬信任，是身爲一名領導者的首要之務；唯有獲得下屬信賴，才能順利分配工作並推行新計劃。

適時安慰遭受不幸的部屬

給予關懷之前，必須確實明瞭對方的心理狀況與處境，並考量自己的能力，釐清自己與對方的親疏關係，才能使這份關懷恰到好處。

日常生活中，誰都難免會遇到意外情況。例如交通事故、疾病、天災、喪事、離婚……等等，這些意外事件的發生，對受害者本人以及受害者家屬而言，都是一個個沉重的打擊。

遭受意外事故的人在心理上會感到無望，焦躁、煩惱、無助、情緒低落、一籌莫展等等心理上的病症也會接踵而來，情況嚴重甚至會使當事人一蹶不振，陷入感情的深淵難以自拔。

這個時候，身爲管理者就應該伸出手幫他們一把。

不管哪個階層的管理者，這都是人際交往中一個很重要的部分。可是，不少人卻因爲對此缺少瞭解而無所作爲，不知道在醫院裡探望一個瀕臨死亡的病人時，應該說什麼，面對死者的親屬又應該說些什麼。

又比如，當一個被搶劫的同事向自己求援時，應該怎麼辦？當同事家中遭遇火災而財產蕩然無存時，應該怎樣安慰他？還有，當同事打電話來說他有輕生的念頭時，該怎麼處理這通電話？

曾有一位心臟病患者，談論他對來醫院探望他的一個上司的感受：「因爲他是一個德高望重的長者，我知道他會來看我。可能他認爲這是他應該做的事情，但我感覺非常不好並且十分疲憊，我甚至無力聽他說些什麼並回答他。他待了約一個鐘頭，盡談些對我沒有一點意義的話，我甚至沒有力氣叫他趕快離開。」

結果，幾天以後，這位心臟病患者與世長辭了。

在生活中，這樣的情況時常發生。因此，瞭解受害者、當事人的心理狀態，從當事人的立場思考問題，給予他們實際的幫助，對管理者而言是相當重要的事。否則，可能越幫越忙，反倒使當事人更加痛苦無助。

該如何才能有效幫助那些遭遇病痛、失去親人或喪失生活信心的同事呢？

首先，要瞭解彼此的關係如何，他們在哪些層面需要幫助，如果是關係非常親密的同事或部屬，無疑他們需要立即的關懷，這包含心理上與身體上的接近，必須親自給予幫助，不僅是打一通電話安慰。

相反的，如果不是十分要好的同事或部屬，一通簡短的電話或親筆信函就夠了，過度關懷可能反倒使對方不自在。

其次，還要瞭解自己究竟應該提供多少程度的幫助，是立即親身前往探視還是打電話安慰，必須取決於自身實際的能力與條件。若是能力許可，當然可以給同事或部屬更多實質上的幫助，甚至是經濟上的支援；但若是自己的能力根本就不足，傳達心意上的關懷即可。

在安慰對方時，專業知識有時是必需的，所以最好平時能多看點心理學方面的書籍，如此能對病痛者、受害者或失去親人的家屬心理有個大致瞭解，這樣才能提供恰當的安慰和幫助。

心理學的研究說明，當人們遇到災難時，大致有如下幾種心理反應類型：

•否定。「我不能相信。」這是他們最常說的話，這類心理反應常發生在突然失去親人的時候。

•憤怒。「爲什麼這件事情偏偏發生在我身上？」這類人常常有這樣的疑問，而且情緒多半較爲暴躁、激動。

•無力。「我實在不知道我到底應該怎麼辦！」這類人常這樣自問，而且多半心情消沉、低落。

•內疚。「如果……就……」是這類人的思考模式。他們多半很自責，常把所有責任都攬到自己身上。

•壓抑。「我希望我也死去。」失去親人的同事有時會這樣想。

對於不同的心理反應，當然就要有不同的應對方式。

例如，有一天，王先生去醫院探望他的老部屬。這名部屬因爲罹患癌症所以心情沮喪，還對王先生說：「看來我的壽命是到盡頭了。你知道嗎？我現在躺著的這張床，正是幾個月前我太太躺過的，她就是死在這張床上。」

這是一句帶有強烈心理暗示的話，受這種思維的影響，王先生這名部屬可能因此喪失繼續活下去的信心。面對這種情況，勸導者必須拿出合乎邏輯的解釋，除去病者的「心病」。

所以，王先生這樣回答：「正是因爲你睡在你太太死去的那張床上，才說明你一定會得救。難道你認爲你太太會害你嗎？因爲你睡在這張床上，她的亡靈必定會保佑你平安健康的。」

這種解釋聽起來似乎有點牽強，可是，卻正中患者下懷，聽了這句話，患者的「心病」終於消失了。

從上述這個例子可以明瞭，特殊的心理反應只能用特殊的方法處理。不過，一般說來，對於不是太嚴重的心理失衡狀況，大致能用以下這兩個辦法處理：

一、懷抱同情心傾聽對方說話

傾聽是安慰別人的最佳辦法，但這個辦法卻很容易被人忽視。許多人常以爲探望病人或安慰死者家屬，就是要一直說些使對方寬慰的話語，但其實這是一個誤解。

創造機會讓對方說出自己的感覺，會更有助於化解對方心中的憂傷。

二、告訴對方自己的體驗和經驗

在需要安慰他人的場合中，人們常說：「我知道你是怎麼想的！」而不是告訴對方自己是怎麼想的。

其實，如果與對方有過同樣的經歷，例如失去親人，說出自己過往的經驗更能贏得對方的依賴，進而深入瞭解對方的心理狀況。

給予關懷是領導者促進人際關係的有效辦法，但在給予他人關懷之前，必須確實明瞭對方的心理狀況與處境，並考量自己的能力，釐清自己與對方的親疏關係，才能使這份關懷恰到好處，確實給予對方溫暖與安慰。

在競爭與合作之間取得平衡

同事之間的相處，應當分清職責、掌握分寸，不爭權奪利，也不推諉責任。屬於別人職權的事，絕不干預；屬於自己的責任，絕不推卸。

想成爲一個成功的領導者，應當懂得把同事之間的摩擦降到最低，學會把競爭導向對自己有利的方向，並且跟工作夥伴好好合作，處理好同事之間的關係。

處理好同事之間的橫向關係，有助於進一步協調上下屬之間的縱向關係，使整個工作團隊更加理想和完善，同時，也有助於獲取良好的人際關係與工作環境，讓自己順利脫穎而出。因此，有理想、有志向的領導者，對於協調同事之間的關係絕不可掉以輕心。

其實，協調同事關係和協調各種人際關係（包括上下屬關係）一樣，都是有規律可循的。立志有所作爲的領導者在接觸同事時，應眞誠相待、熱情幫助，盡力消除同事警覺「競爭」的「心理屏障」，建立「友好合作」的協調關係。

既然同事之間，客觀存在著既是「合作者」又是潛在「競爭者」這種微妙的人際關係，那麼，作爲客觀存在的一種心理反應，同事的內心世界必然會產生既渴望「合作」，又警覺「競爭」的複雜心理。

面對這種複雜的心理，高明的領導者應該想辦法盡力避免誘發對方警覺「競爭」的心理，逐步建立互相信任、互相支援的合作關係。

在這方面，怎樣巧妙消除對方警覺「競爭」的「心理屏障」，就成了協調同事關係的關鍵所在。

在一般情況下，消除「心理屏障」主要不是靠語言「表白」，而是靠行爲「表現」。應該透過實際工作接觸，使對方深信自己積極做好自身工作，主要是出於高度的事業心和責任感，絕無半點「壓倒」同事的私心雜念。

同時，每取得一點成績，都將它看作是同事之間密切配合、共同努力的結果，不以此為資本，向同事顯示自己的「高明」。面對同事取得的成績，應如自己取得成績一樣，同樣感到由衷地高興。

在這種高尚思想情操的指導下，卓越的領導者在職場上與同事相處時，應該要求自己努力做到以下五點：

• 互相尊重，互相支援

同事之間常會有些工作內容彼此重疊，也會有一些需要共同處理的事務。對這些工作和事務，同事之間應當互相尊重、互相支援。互相支援是互相尊重的標誌，唯有互相支援，才能互相配合。

對於工作內容重疊的部分，同事之間應當儘量透過協商解決問題，不要擅自做主處理，否則，既影響同事之間的關係，也往往使下屬為難，造成工作上的困難，甚至為企業帶來一些不必要的損失。

• 分清職責，掌握分寸

同事之間的相處應當分清職責、掌握分寸，不爭權奪利，也不推諉責任。屬於別人職權之內的事，絕不干預；屬於自己的責任，也絕不推卸。本應由自己掌管的工作，絕不請託他人負責；本來不應由自己管轄的事情，也絕不爭著管。

特別是那種遇好事就爭、遇難事就推的行爲，更是破壞同事間相互合作關係的腐蝕劑，必須堅決避免這種行爲。

• 嚴以律己，寬以待人

在「認識」自己時，應該少看長處，多看不足之處，不要因爲取得一些成績，就驕傲自大、沾沾自喜。

相反的，對待同事時，卻應多看對方的長處，少看不足之處，尤其不要在不適宜的公開場合，隨便議論同事的工作成績。只有這樣，才能在同事之間形成相互信任、彼此友好的和諧氣氛。

• 委曲求全，以理服人

同事相處之間，難免在工作中遇到一些糾葛和矛盾。在解決這些糾葛和矛盾時，應本著顧全大局、維護團結的前提，對一些無關緊要的「小事」，採取不予細究、委曲求全的態度。

即使遇到一些需要辨清是非的「大事」，也要注意表達方式和方法，儘量做到以理服人，使對方心服口服。這樣同事之間不但不會傷了和氣，反而會透過彼此溝通，建立起更加牢固的合作關係。

• 經常溝通，持續交流

同事之間既然同屬整間公司的一個組成部分，工作上有著密切的聯繫，那麼只有保持經常溝通、交流的關係，才可能有效、順利地合作。也唯有這樣，才能彼此瞭解、互相信任，消除一些不必要的誤會和摩擦。

因此，即便工作再忙，也別忘了主動向同事提供有用的資料、資訊、情況和建議。只要能持續這樣做，就一定能贏得同事的感激和回報。

避免觸及隱私，維持同事情誼

在與同事交往的過程中，得注意不該問的就別問，更別深入探詢對方的隱私，否則可能引起對方反感，破壞同事間的情誼。

在職場上，有時會發現某些公事牽涉到自己的私人生活，很難做到公私分明。因此，雖然不想回答某些私人問題，但如果這問題涉及公事，就不可能一直迴避，仍得做出一個直接的答覆。

曾有一位經理獲得了一個外調到別個城市工作的升遷機會，但是，他妻子不願意搬家，因爲她在目前居住的城市裡有一筆業務要繼續做下去。

所以這位經理面對老闆的詢問時，不知該如何回答，陷入猶豫不決之中。

當他的上司問他：「你妻子同意你到外地工作嗎？」他只好回答：「我正在努力說服她，請您再給我一點時間。」

但是，當他一看到老闆臉上的表情時，就馬上明白，這既是一個與私人生活有關的問題，也是一件得認眞商談的公事。

爲了日後的升遷，於是他馬上補充道：「請您再給我一個晚上的時間，我保證明天給您一個確切的答覆。」

當天晚上，他和妻子認眞地談論了這個問題，最後他們達成一致的意見，就是他接受公司這次外調的安排，他的妻子留下來繼續她的生意，他們做一段時間的分居夫妻，每個週末相聚一次。

因此，第二天一上班，這位經理就告訴老闆：「我接受公司給予的這次機會。」

老闆聽了，滿意地點點頭。

在工作當中，如果某些問題牽涉到自己的家庭生活，就必須做出全盤考慮，不可讓老闆覺得自己不顧公司利益，不服從公司的安排，但也不能讓工作嚴重影響到自己的家庭生活，甚至必須拿自己的家庭做犧牲。

一旦發生這種情況，應該像上面那位經理一樣，盡力爭取更多時間和家人商量、解決問題，以做到公私兼顧，或者最小限度地減少個人損失和影響。

另外，在日常人際交往當中，有關年齡、婚姻等敏感話題是忌諱談論的，特別在西方文化中更是如此。

有時，身邊的同事或部屬可能出於好奇心，提出涉及私人隱私的問題。在這種情況下，領導者可以輕描淡寫、避重就輕地回答對方，這是最好的拒絕方式，不要表現出「你怎麼敢如此問」的態度，這只會破壞彼此間的情誼。

在辦公室中，最常見且與工作無關的問題就是「你幾歲」、「結婚了嗎」、「有男（女）朋友嗎」、「對方在做什麼」……諸如此類。

對於這些問題，如果不想談，可以委婉地表示自己不願回答，或是微笑著用一個看似可笑的回答予以反擊。

像是說：「對不起，我不想回答這個問題」、「喔，我相信我們都不喜歡談論私人問題」、「我感覺自己一直像個童年的孩子」、「今天，我覺得自己像個百歲的老人」……等等。

這樣既能給予答覆，同時對方也無法得到確切的答案。不過，若是不用具體的數字回答時，對方可能會用一些間接的問題繼續發問，如：「你是哪一年畢業的」、「你是幾歲結婚的」、「你的孩子是什麼時候出生的」。

面對這種糾纏不休的人，領導者只需輕描淡寫又充滿幽默地回答：「本世紀」，對方知道自己碰到軟釘子，多半就不會繼續追問。

同理，領導者與同事或部屬交往的過程中，也得注意不該問的就別問，更別深入探詢對方的隱私，否則結果可能不但無法滿足自己的好奇心，還會引起對方反感，破壞了彼此間的情誼。

婉拒，也得多花點心力

在同事相處之中，應該在追求「正確」的同時，兼顧「合作」和「情誼」，採用多向思維的方式，考慮和處理同事的要求。

若辦公室裡的同事像個「乞丐」一樣，總是提出許多不合理的要求，讓人回應也不是，不回應也不是，使人左右爲難、煩不勝煩，此時聰明的領導者就應該「挑肥揀瘦」地巧妙應對。

在與同事往來的過程中，屬於自己向對方提出的要求，都是主動、可以掌控的；屬於對方向自己提出的要求，都是被動、不可掌控的。若要協調好同事之間的關係，首先必須學會巧妙應付同事提出的要求。

有些缺乏社交經驗的領導者，往往習慣用單向思維考慮和處理同事提出的要求，因此，儘管有時候他們做出的決定是正確的，卻引起了同事的反感。

處理這類事情之時，他們忘記了一條基本原則，就是與同事相處，並不單純爲了追求「正確」，應該在追求「正確」的同時，兼顧「合作」和「情誼」。

譬如在日常工作中，常常可以聽到類似下述的對話：

甲：「明天您能派兩個人，幫我們部門核對一下帳目嗎？」

乙：「不行，我這邊也很忙，抽不出人手。眞不好意思。」

從這段對話可以看出，儘管乙做的決定可能是正確的，也很注意交談方式，十分「禮貌」地回絕了同事的請求，但是，卻仍很可能引起甲的不快和反感。

究其原因，顯然並不在於乙的交談方法是否得當，在於他純粹採用了單向思維的方式，簡單地在「行」和「不行」之間進行抉擇。

這樣做，勢必使自己在處理同事之間的關係時，迴旋的餘地很小，也很難做到既追求「正確」，又兼顧「合作」和「情誼」。

在這種時候，倘若改用多向思維的方式考慮和處理同事的要求，結果就會大不相同。例如，乙可以在下列幾種回答方式中，任選一種最佳方式，巧妙地回答甲。

- 折衷方式（部分滿足對方）：「好，我設法抽一個人給您，但另一個人請您向別的部門要求可以嗎？眞對不起，我們這邊的人手實在不足。」
- 緩解方式（逐步滿足對方）：「我可以抽兩個人給您，不過得過幾天。如果您急著用，我明天先給您一個人，過五天後再給您另一個人，這樣可以嗎？」
- 轉嫁方式（讓第三者滿足對方）：「我一定設法讓您得到兩個人。這樣吧，我去找別的部門商量看看，待會兒再給您答覆好嗎？」
- 推遲方式（暫時不正面答覆對方）：「請讓我考慮一下，但我會盡快答覆您好嗎？眞對不起。」
- 修正方式（以新方案「修正」對方的要求，實際上是巧妙地否定或拒絕了對方的要求）：「我有一個好主意，我們跟上司商量看看，將這份工作轉給另一個部門負責。這樣您不就省事了嗎？」
- 變通方式（在數量上滿足對方，質量上遷就自己；或者形式上滿足對方，實質上還就自己）：「我可以支援您兩個人。不過，這兩個人不是從我的部門抽調，是由我從另一個部門抽調，這樣好嗎？」

僅就這件小事，若運用多向思維考慮和處理問題，就會有上述多種可供選擇的理想方案。事實上，可供選擇的處理方案還遠不止這些。

按照同樣的道理，處理同事之間一切問題時，都可以分別採取「部分滿足」、「逐步滿足」、「轉嫁滿足」、「迴避答覆」、「巧妙否定」、「形式上滿足」、「看似滿足、實質拒絕」等多種方式，巧妙應對。

如此一來，自己既不用花費太多心力，也不會傷害同事間的情誼，無疑是一舉兩得的最佳應對方法。

如何巧妙拒絕別人？

首先要先認同對方說的話，因此你可以這樣說來先平息他的怒火，對方就會不容易對你產生敵意，也能滿足他的自尊心。

世間的每個人都是獨立的個體，也擁有各自的思想和行爲模式，因此，面對不盡如己意的景況，希臘詩人荷馬曾經勸告我們說：「把你激動的心情按捺下去，因為溫和的方式最適宜，還要遠離那些劇烈的競爭。」

當對方否定或拒絕你的意見或想法時，你會有什麼樣的感覺呢？任何人一定都會覺得不太高興吧！這時必然會有一股怒氣油然而升，或對對方產生反感。因爲對方的拒絕或否定，會使我們的自尊心受到很大的傷害。

在這種狀況下，我們應該如何委婉地拒絕別人，才不會讓對方產生不愉悅或自尊心受損的感覺呢？

一、當對方說話時，不要每次都反駁他。

很多人發表意見時，都會聽到直接否定或拒絕的反應：「不對，我不那麼認爲，那應該是這樣的……」「是嗎？我覺得不是這樣……」「你在說什麼？這怎麼可能呢？你講話好奇怪……」等等。

其實，這些話對一般人來說，聽到只會越來越反感而已。所以說，這是一種最差勁的拒絕及否定法。

二、要聆聽對方的話，直到告一段落。

聆聽他人說話，一定要等到對方說話告一個段落爲止，即使你有反對的意見，也應該暫時忍住，無須急於表現。

因爲發言的人會想將自己想法完整的表達讓對方知道，並希望得到對方認同，因此對於話題被中斷，並遭否定一定會很生氣。

三、先表示認同對方的態度，再提出反對意見。

當你在聽完對方的話後，必須針對對方的話，傳達出自己並不是否定對方的想法，而且我們的構想其實是有相通之處，只是做法上有些不同，而關於這一點我們可以再做溝通和討論。

若直截了當地表示反對或否定，對方就會對你產生反感或敵意。

所以，首先要先認同對方說的話，因此你可以這樣說來先平息他的怒火：「是，你說的話我很明白。」

這樣一來，對方就會不容易對你產生敵意，也能滿足他的自尊心。接下來，你可以試著說出自己的想法：「我也很贊同，不過我另外有一個的想法。你覺得如何呢？如果有不對的地方請提出來。」

這樣一來，對方就不會對你反感，而且大多能冷靜思考你所說的話，並且接受你的建議。

04

仔細觀察，就能妥善應對

如果遇到豪爽的上司，
只要善用能力，
表現出過人的工作成績，
等到時機成熟，
絕對不用擔心沒有發展的機會。

智囊團是領導者的另一個大腦

維護智囊團內部的團結，是領導者義不容辭的責任，當智囊團不能運轉或名存實亡時，通常就是領導者走向失敗的開始。

一個公司運轉與事業的成功，光靠領導者個人的智慧和才能是不夠的，因爲一個領導者不可能對公司的每一個職員都進行直接管理。

因此，一個成功的領導者一定要有一個「智囊團」，幫自己出謀劃策。事實上，一個企業的成功，往往不是靠領導者個人的智慧和才華，而是靠領導者周圍的那些追隨者，這些追隨者就是領導者智囊團的基礎。

一個領導人如果沒有一個心手相連、智勇雙全的智囊班子，他的志向和意圖是很難實現的。

智囊團就是領導者另一個大腦，它能爲領導者提供寶貴的建議、做出最明智的決定；同時，它又是領導者的左右手，在貫徹領導者意志、執行領導者決定、維護領導者威信方面，有著重要的作用。

對於智囊團，身爲領導者，一定要把他們當做「自己人」，和他們連結成非常親密的關係。

因爲，領導者成熟的意見，大部分來自於智囊團討論後的方案，他們對公司的大小事情也比較清楚，領導者想取得正確而周延的看法，就必須開誠佈公、坦率無諱地和他們進行磋商和交流，汲取他們深思熟慮後的想法，最終形成正確的決策。

在智囊團內部出現爭執和意見不一的時候，領導者不能優柔寡斷、猶豫不決，一定要依據自己的思想和看法做出裁決，不能和稀泥。

當然，維護智囊團內部的團結，是領導者義不容辭的責任，當智囊團不能運轉或名存實亡時，通常就是領導者走向失敗的開始。

因此，在出現爭執時，領導者除了要採納正確的意見外，一定還要設法說服、安撫持反對看法的成員。

領導人建立智囊團不同於拉幫結派、搞小圈子。首先，他們的目的根本不同，前者是爲了工作的需要，建立在取得和達成正確、一致的意見基礎之上，而後者卻僅僅是爲了一小部分人的私利。

其次，兩者運行方式也不同，領導者的智囊團是公開運作的，最後的決策會在組織內部傳達和宣佈，而後者卻是秘密的、見不得人的，只能以秘密的方式進行。

此外，兩者構成的成員也有很大差別，智囊團一般是由思維活躍、經驗豐富、學識淵博的人才組成，至於小圈子成員，則大部分是由溜鬚拍馬、阿諛諂媚之輩構成的。

因此，精明的領導者絕對不允許公司內部劃分派系，但他卻非常樂意有一個自己的智囊團。並且，領導還應該在相當大程度上允許智囊團與自己持不同意見。

因爲，智囊團如果研究不出不同看法、不同方案、不同意見的話，那也就稱不上智囊團。

當然，要注意的是，智囊團最後的建議並不能就代表領導者的決策。如果智囊團的意見每次都獲得領導採納，說明這個智囊團的想法、能力，其實和領導人相去不遠，這是件相當危險的事，可能造成全盤皆輸的後果，必須及早汰換其中成員。

領導者對智囊團的意見要有自己的主張，既要認眞聽取，積極採用，又要審愼處理，仔細分辨正確和錯誤之處。

仔細觀察，就能妥善應對

如果遇到豪爽的上司，只要善用能力，表現出過人的工作成績，等到時機成熟，絕對不用擔心沒有發展的機會。

上司的一舉一動，作爲下屬的都應盡收眼中，千萬不可視而不見。那麼，如何與不同類型的上司打交道呢？

大致有以下數大類辦法：

一、與冷靜的上司打交道，不可自作主張

有種上司話語不多，舉止安順，高興時不會大笑，不會手舞足蹈；悲痛時不會大哭，不會逢人訴苦。就算認爲意見正確，也不會拍手稱許，更不會熱烈地表示贊成。這種上司的舉止始終保持常態，是個頭腦冷靜、行事理性的人。

如果遇到這樣的上司，對於一切工作計劃不能自作主張，只要等到計劃決定後負責執行便好。

但是，必須記住，在執行的過程中，必須有詳細的記錄，即使是極細微的地方，也不能稍有疏忽。

這種一絲不苟的精神、詳細清楚的報告，正是這種上司所喜歡的。

但若在執行過程中遭遇困難，最好能自行解決不必另外請示，因爲隨機應變並非這類上司的專長，多去請示反易貽誤時機，最好事後用口頭報告當時如何應對即可，這麼做這類上司多半會很高興。

要特別注意的是，即使事後報告，也要力求避免誇張的口氣，雖然當時的確十分難辦，也要以平靜的口氣，輕描淡寫當時的困境就好，如此反而更能突顯出自己臨機應變的本事。

二、與懦弱的上司打交道，要當心他身邊掌權的人物

懦弱的人不可能當領袖，即使當上了領袖，大權也必定不在手中，一定有能者在旁代爲指揮。因而身爲懦弱型上司的下屬，必須看準一旁代爲指揮的人是什麼性情，再謀求應對的方法。

一間公司或是一個組織的重心，不是名位而是權力，權力之所在才是重心之所繫。雖然名位與權力往往合而爲一，但是對懦弱的領導者來說，名位是名位，權力是權力，兩者是不相干的事。

代爲指揮的人如果是正人君子，懦弱的領導者還可以保有形式上的尊嚴；如果代爲指揮的人懷著野心，那懦弱的領導者只是個傀儡而已。在這種處境下，下屬必須能與眞正掌權的人相互抗衡，否則必遭失敗。

但是，也不能與代爲指揮的人過於疏離，若過於分離，日後必難有所發展。畢竟，既然此人能暗中取得領導者的地位，那公司裡必定佈滿他的眼線與黨羽，因而若是刻意與他作對，只會落得被排擠甚至被解雇的悲慘下場。

三、與熱情的上司打交道，應採取不即不離的方式

遇到熱情的上司表現出特別的好感時，不要完全相信對方的說法，不要立即認爲彼此相見恨晚，必須明白他的熱情並不會長久，要保持寵辱不驚的態度，採取不即不離的應對方式。

「不即」可以使他熱情上升的趨勢和緩，不致在短時間內便達到頂點，同時延長了彼此親熱的時間；「不離」可以使他不感失望。「君子之交淡如水」，對於熱情的上司，最好就採用這種方法。

如果自己有所主張或建議，也要用「零賣」的方法提出，不要「批發」，如此才能在這類上司面前常保新鮮感。

對於他所提的辦法，認爲對的就趕快做，否則容易「夜長夢多」，過不久他就反悔了；認爲不對的也不必當面爭辯，只要口頭答應，手中不動，過一陣子之後，他自知不妥就不會再提起了。

面對熱情的上司時，萬一他突然情緒低落，就安之若素，靜待適當機會，再促使他感情回升。

他的感情就好像鐘擺，擺過去後還會再擺回來。所以即使突然遭受冷落，也別灰心喪氣，只要按自己的步調做好分內工作即可。

四、與豪爽的上司打交道，要突顯自己的能力

如果遇到豪爽的上司，那眞是値得慶幸的事。只要發揮能力，表現出過人的工作成績，等到時機成熟，絕對不用擔心沒有發展的機會。

這類上司自己有能力、有才氣，所以最愛能幹的下屬，因此部屬若眞有能力，不怕不受上司青睞。

當機會未到時，仍要愉快地工作，並做得又快又好，表示自己遊刃有餘。同時還要隨時隨處留心機會，一旦發現可以表現自己能力的機會，就要好好把握。只要看準機會、表現得當，不久自會受到提拔。

五、與傲慢的上司打交道，要謹守崗位

傲慢的上司多半有足以傲慢的條件，也許他特別有能力，也許他的工作成績特別優秀，也可能他有強大的靠山支援。換句話說，這種傲慢的態度是後天造成，是

環境造成的，並非先天的性格。

如果頭頂上司是個傲慢的人，與其取寵獻媚，不如謹守崗位。這類上司雖然傲慢，但多半仍有辦事能力與識人的眼光，此外，為了維持自己的地位與工作成績，底下當然需要能幹的下屬效勞。

所以，跟只會空談的諂媚小人相比，他更喜愛勤勞、努力、聽話的下屬。因此，假如你眞是個人才，不愁他不會另眼相看。

六、與陰險的上司打交道，要小心謹慎

陰險的上司城府極深，對不如意的事好施報復，對看不順眼的人會設法剷除。而且容易由疑生忌、由恨生狠，多半採取先下手為強的做法，寧可錯打「好人」也不肯放過「壞人」，抱著「與其人負我，不如我負人」的觀念。

另外，這類上司多半喜怒不形於色，憤怒到了極點時還可能露出喜悅的假相，讓人無從防範、防不勝防。

總之，陰險的上司絕不會採用直接的報復手段，總是使用計謀暗地報復。如果頭頂上司不幸正是這種人，辦事得如臨深淵、如履薄冰，不可有絲毫懈怠，一切唯上司馬首是瞻。

如此一來，彼此或許還可以相安無事。

只是在這類上司底下工作，要盡早另做打算，畢竟你不知何時會得罪他，何時他會突然翻臉，如果希望在職場中有所表現，最好速作離職或調換部門的打算。

以大局為重，安於本分

副職做事若能出於公心，領導團隊就會穩固，從而開創新局面。如果個人野心膨脹，整個領導團隊必是一盤散沙。

副職在領導階層中佔據著重要的位置。

副職既是領導者，又是被領導者；既主動，又被動。那麼，處在這個位置上的人，要怎樣才能處理好自己與上司、下屬間錯綜複雜的關係？同時扮演好領導者、被領導者以及輔助者等多重的角色呢？

一般而言，副職要做好工作，應遵守下列五大法則：

一、擺正位置，主動配合上司

擔任副職的人只有和正職相互依賴、相互幫助、相互支持，才能共同完成領導團隊承擔的使命。所以，副職做任何事都要出於公心，以大局爲重，破除名利思想和虛榮心，堅決維護正職的威信和地位，積極主動地支援和配合正職的工作，甘心當好輔佐的角色。

在工作上，正職一時考慮不周的事情，副職要主動提醒對方；正職在決策遭遇困難時，副職要幫他分析其中的利弊得失，以減少決策上的失誤；正職面臨困境時，副職要挺身而出，爲他排憂解難。

唯有做到上述幾點，副職才算眞正扮演好「輔助者」的角色。

二、大膽負責，做好本職工作

一般副職都有兩大擔憂，一是怕自己決策錯誤後，承擔不起責任。因爲這個擔憂，副職做事多半過於小心謹愼，事無鉅細都要先請示，所以大幅減低自己的靈活性、積極性與機動性，把自己的活動空間束縛住。

二是怕出力不討好，擔心別人說自己「篡權」，因而工作缺乏主動性，總是「一個命令一個動作」，凡事都要等正職表態。

這樣，一方面爲正職帶來許多麻煩，使正職忙於應付，影響全局工作；同時，也削弱了自己的領導職權。

其實，副職既然也屬於領導團隊中的一員，就應有一定的決策權。因此，副職自己判斷後，覺得十拿九穩的事情就可以自己決定、大膽實施，發揮獨當一面的作用，使正職有充裕的時間和精力做整體性的規劃與工作，做宏觀的安排和部署。這就是副職對正職最大的支持，最有力的配合。

三、以工作為重，切忌爭權奪利

副職做事若能出於公心，不爭職務高低，不爭權奪利，領導團隊就會穩固，從而開創新局面，做出好成績。

副職如果利慾薰心，個人野心膨脹，時刻想著「篡位」奪權，整個領導團隊必是一盤散沙，工作肯定做不好。

副職唯有以工作爲重，才能利人利己，使整個團隊運作得當；若老愛爭權奪利，必定會害己害人。

四、顧全大局，注意橫向協調

副職雖然分管一部分的工作，但仍要與整個領導團隊積極配合，絕不可過分強調自己分管的工作，排斥或貶低其他方面的工作，也不可為此而不顧全局利益，為正職製造不必要的麻煩。

另外，副職還要與不屬於自己分管的部門加強聯繫、互通資訊，不可由於自己分管的工作不同，輕忽了其他部門。

五、胸懷坦蕩，具有容人的雅量

就某種程度上而言，副職要比正職難當。

因為，副職會遇到許多正職碰不到的麻煩情況。例如，副職經過深入調查研究後提出一項方案，結果卻被正職否決了。又有些正職的猜疑心重，不容許副職的才幹和功績超過他。

面對這種情況，副職就得有坦蕩的胸懷，寬宏的氣量，學會理解他人、體諒他人，對於雞毛蒜皮的小事就一笑置之。

例如，如果提案被正職否決了，要先自己反省一下提案內容是否合乎實際，若眞的切實可行，再想盡辦法說服正職。若是一時仍說不通，就暫緩一下，在適當的時候再提出來。

總而言之，副職就算在極爲艱難複雜的環境裡，都要從容不迫、襟懷坦蕩、妥善面對。

權力是一把雙面刃

即使是在你權力範圍之內能決定的事情，領導者也要盡可能地向下屬表示尊重，吸收他們的有益意見。

權力是一根帶刺的木棒，用得不好，既傷害別人，也傷害自己。

職場中常有這樣的現象，有些領導者看起來很有權力，但分派一個任務時卻要三申五令，甚至以處罰相威脅，下屬們才會去執行，而有些人雖不是領導者，也沒有權力，但只要他想辦一件事，立即會一呼百應。

這種現象說明瞭威信比權力更重要。因此，聰明的領導者總是會用威信的「外衣」把自己的「權杖」裹好，免得既傷害了別人，也紮傷了自己。

領導者的地位和權威是由兩部分構成的：一爲權力，這和本人無關，是由整個組織或上級部門賦予的；．爲威信，它的建立和上級無關，完全依靠領導者自身的言行來樹立和積累。

在實際生活中，有些領導人被賦予了管理和組織下屬的權力，但他們卻缺乏威信或威信不夠，致使他們的權力在執行過程中大打折扣，下屬對他們的命令陽奉陰違，或暗中抵制，或根本置之不理。

而又有些中層下屬或基層員工，雖然沒有上級或組織賦予的權力，但在同事之間卻享有很高的威信，同事們都願意聽從他的吩咐和意見。

由此可見，一個好的領導者要想使自己的「政令」暢通無阻、「政策」得到正確貫徹執行，就不能滿足於已經到手的那根「帶刺的」權杖，還得親自編織一件威信的「外衣」把它裹好，使用起來才得心應手。否則，光拿著這根權杖亂舞，既容易傷害下屬，也容易傷害自己。

高明的領導者拿到權杖的第一件事，一般並不是「新官上任三把火」，而是先暗中冷靜觀察，瞭解自己所面對的情況，爲日後正確行使權力打下基礎，即使不得已要使用權力，也是得非常謹愼、節制。

因爲他們很清楚，不明就裡地揮舞權杖，也許會贏得一時威風，博得一片喝彩聲，但隨後就會很快地發現，權力之杖的銳氣正一點一點地在鈍化。

原因很簡單，因爲你還沒有服人的威望，不加調查、不分青紅皀白地使用權力，勢必會損害某一些人的既得利益，你的權杖受到磨損是再自然不過的了。

即使是在你權力範圍之內能決定的事情，領導者也要盡可能地向下屬表示尊重，吸收他們的有益意見，以統一企業內部的人心和步調。

在關係到企業發展的重大問題上，如果不事先聽取下級們的具體意見，儘管你是在行使自己的權力，但毫無疑問的，也會使自己的下級失去責任感和熱情。

如何在別人心目中建立威信

任何一項新的決策，在執行過程中必然會面臨阻力和壓力，作為領導者千萬不能輕易放棄，要把自己的決心和意志表現出來。

威信是權力的通行證。

想要一個優秀的領導者，光掌握權力是遠遠不夠的，還必須爲自己贏得威信。威信和權力是一個領導者的左肩右膀，缺一不可。

那麼，領導者在擁有了權力後，該怎樣樹立自己的威信呢？

首先要明白「羅馬不是一天建成的」道理，領導者在下屬中的威信同樣不可能一蹴可幾，它只能長期的、一點一滴的慢慢積累，建立在領導者如何處理每一件事情、對待每一個下屬的基礎之上。三國劉備曾經說：「勿以善小而不為，勿以惡小而為之」，把它用來形容領導者威信的建立，也顯得非常合適。

二是領導者要無私，無私才能無畏，無私才能立威。只有一心為公的人才可能受到下屬們尊重，才能在處理問題上無所畏懼，在下屬心目中建立威信。

三是領導者要說話算數，所謂「言必行，行必果」，言行不一致，說一套、做一套的領導者，是不可能建立威信的。

四是領導者要有不屈不撓的勇氣和意志力。毫無疑問的，任何一項新的決策，在執行過程中必然會面臨阻力和壓力，作為領導者千萬不能輕易放棄，要把自己的決心和意志表現出來。不要因為怕承擔失敗的責任就裹足不前，喪失信心。

五是領導者要明白，人格和威信不是建立在強制性的命令之上。有時候，提出問題不僅比下命令更容易讓下屬接受，而且，還常常會激發他們解決問題的積極性。

南非有一家專門生產高精密度機械零件的小製造廠，有一次，該公司的經理麥克唐納有機會接下一筆為數龐大的訂單，但是他深知憑自己現有的條件，很難滿足顧客想要的交貨日期，因爲工廠的工作計劃已經排滿了，下命令要求工人們加快進度並不容易，說不定還會引來他們的反感和抵制。

聰明的麥克唐納意識到這一點後，便把工廠所有的工人召集到一起，向他們解釋和說明了公司現在面臨的一個絕佳的機會，並且告訴他們，如果公司能夠改變先前的計劃接下這個訂單的話，對於公司和全體員工都會大有好處。

但隨後，他並沒有催促工人加速去工作，而是又提了幾個問題：誰能想出最好的辦法來取得這筆訂單？能不能調整工作時間如期交貨……

麥克唐納這個巧妙的方式，使得工人們愉快地接受了這個任務，結果這批大訂單也就如期點交了。

有膽識，才能開創大業

一旦人身處絕境，就有可能將體內和意識中的潛能一下子釋放出來，產生奇蹟般的自衛能力，造成令人難以置信的神奇效果。

拿破崙曾說：「如果你是一個不想當元帥的士兵，你就不是一個好士兵。」這番話強調，一個不想當領導高手的幹部，絕不是一個好幹部，領導高手的重要指標，就是創建一番令人矚目的業績。

不過，領導高手絕不是自己封的，一個業績平平的幹部，不管從哪個角度來看就是一個無所作爲的幹部。

不同凡響的業績是當一個領導高手基本的條件，想要成爲領導高手或管理高手，就必須下定決心，擬定策略後大膽行動，就算不能驚天動地，也能充分展現作爲一個強人的精神風貌。

世上沒有從天而降的黃金，也沒有不勞而獲的榮譽，要成爲一個領導高手，不但要有雄才大略，而且還要有強大的動力，而這種強大的動力，往往是來自於一個領導者的危機意識。

危機，是指客觀存在的，對我們的現狀或生存構成威脅的事物和狀況。

那麼，當一切平穩順利、沒有客觀存在的危機的時候，我們賴以前進的動力就隨著消失了嗎？

當然不是，領導者要強調「危機意識」的重要性。

它包括兩層要點：

第一層，在客觀的危機消失或暫時沒有出現的時候，仍然要保持「臨戰狀態」，絲毫不能鬆懈。

第二層，要隨時準備應對即將出現和突然出現的危急因素，要盡最大努力使現存的各種因素（主觀的和客觀的）向著有利於自己的那一方面轉化，防止它們朝向有害於自己的方面走去。

這兩層要點是不可分割的，任何只強調一面而忽略另一面的做法，都將給領導者的事業和人生帶來消極的影響和後果。

秦朝末年，項羽率軍追擊秦軍主力部隊，他抓住時機，決定在黃河以北的河套平原一帶與秦軍一決雌雄。

而當時的情況是，秦軍在人數和戰鬥力上遠遠超過項羽的部隊，這是一場攸關生死存亡的戰爭，交戰時候驚天地而泣鬼神的場面是可想而知的。

面對殘酷的現實，項羽沒有退縮，爲了顯示他必勝的信念，同時也爲了讓部屬們明白此戰的重要性，他率軍渡過黃河之後，即下令毀掉回程渡河所需的船隻，拋棄所有裝備，只帶有限的餘糧前去迎敵。

大家心裡都非常明白，此次戰役不僅關係到整個軍隊的命運和前途，也關係到自己的生死存亡。

如果勝利，便意味著秦王朝將壽終正寢，一個新的時代和紀元就將來臨。但是如果失敗了，那麼這個軍隊也將蕩然無存，個人也絕無生存的可能，因爲秦軍的元帥是一個異常殘暴的將領，對付戰敗的敵人和俘虜就是一律處斬。

當時，大家對秦國與趙國的長平之戰記憶猶深，當時秦國東擴，欲兼併趙國，趙國軍隊雖然殊死抵抗，但由於實力懸殊，終於戰敗，秦國俘獲趙國士兵四十萬，秦始皇下令將此四十萬人全部活埋。

所以，項羽部隊的將士們非常清楚自己的處境，戰敗就意味著死亡。

到達戰場，奇蹟終於誕生了，項羽的將士奮勇向前，以一當十，同仇敵愾，一舉在鉅鹿將秦朝的主力軍隊殲滅，使彼此的力量發生具有歷史性意義的變化，攻下秦國首都咸陽只不過是時間的問題。

任何公正的歷史學家都會承認，此役對於推翻秦王朝立下大功，儘管最後坐皇位的不是楚霸王項羽，而是劉邦。

有一天，漢朝名將李廣單獨走在深山密林中，突然，前方樹枝一動，他立即意識到是老虎將攻擊他，他的精神繃得緊緊的，飛快取出利箭，往那個樹枝晃動的地方射去，他料定這隻老虎必死無疑。

等沒有了動靜，他走上前去一看，才發現那裡根本就沒有什麼老虎，只不過是一陣微風吹動了樹枝而已。

再看那枝箭，卻是筆直地射進了石頭裡面！

後來，他回到家之後，在練箭的時候，總想將箭頭射到石頭裡面去，可是，無論他怎樣努力，都無濟於事，他再也沒有辦法將箭射到石頭中去了。

這個故事說明，一旦人身處絕境，就有可能將體內和意識中的潛能一下子釋放出來，產生奇蹟般的自衛能力，造成令人難以置信的神奇效果。

充滿危機意識才能面對挑戰

真正的快樂是在逆境奮鬥之中而獲得的，能夠明白這個重點，領導者才能真正瞭解克服危機和險境的實質精神。

《孫子兵法》中曾提到「哀兵必勝」，項羽在鉅鹿之戰時所展現的破釜沉舟決心，就符合了這一法則和規律，而這種「危機意識」，對一個領導者，甚至一個企業的生存和發展也是必要的。

運用「哀兵策略」之時，在實際工作和行動中，要注意客觀的認知和理性的操作，要儘量避免盲目和蠻幹。

一味地相信自己能幸運戰勝一切困難，能解除一切問題，這不是自信，而是一種愚昧的表現。

任何脫離實際，不顧時間、地點和條件的行爲，都可能預示著災難性的後果，而且是始料不及的災難後果。

無論是個領導人還是團體、企業，遭遇困難的時刻，也正是發揮最大潛能的時刻，因此，縱使遭遇到最艱苦的處境，也不要因此而沮喪，反而應該拿出超乎尋常的勇氣，設法突破重圍，渡過難關。

日本著名的山多利酒廠，在威士忌酒非常賺錢的時候，又順勢推出啤酒，這是因爲公司的佐治董事長，在公司運轉得非常順利、員工意氣勃發時，卻懷著危機意識，多方尋求出路而開發的新產品。

就在山多利酒廠推出啤酒之前，日本的食品業界進入「三分天下時代」。當時的市場主要由三家公司所瓜分，其中一家名爲壽屋的公司，是出了名的難纏公司，就連這家公司的員工也一副趾高氣揚的姿態，對待顧客愛理不理的。票據方面的條件嚴格，傭金的支付也很吝嗇，完全沒有一個讓人稱讚的地方。

只要公司的狀況有所好轉或一直繁榮茂盛，企業的員工們就容易得意忘形，產生驕傲情結，把過去創業的艱辛拋到腦後。佐治董事長對於這種現象非常瞭解，也一直把壽屋當成自己的借鏡。

因此，他能夠洞察別人不以爲意的潛在威脅，充滿危機感和緊迫感，他想要讓公司能永續經營，然而員工們的錯誤觀念，卻讓公司陷入危機當中。

才就任董事長不久的佐治先生，已經覺察到問題的嚴重性，他不甘於做一個按部就班、墨守成規的領導者，而是想要有所作爲。

爲了讓員工們瞭解公司當前的處境以及危機的潛在挑戰，激起員工們的危機意識，使他們精神振奮，不斷賣力向上，佐治先生以更加嚴謹的態度和方法來管理和經營這個企業。

他隨時隨地都在提醒自己，不斷給自己提出更高更好的要求和目標，他相信，只有企業上上下下的人都和自己一樣，具備勇往直前的進取精神，這樣企業才可能保持活力，員工們才能保持進取心態。如果做不到這一點，那麼公司的發展和內部活力便會消失。

為了做得更好，領導者和企業不但要有良好的管理方法和嚴格的管理制度，更要有備無患的精神狀態和飽滿的熱情，還要有自己的「企業文化」，以「形而上」的精神風貌來作為精神動力。

無數的事實和經驗證明，那些取得成功的企業，往往都具有自己特殊的人文精神和企業文化，而且這種人文精神和企業文化是長時間有意識地引導和培育起來的，並不是突然從天上掉下來的飛來之物。

這種人文精神和企業文化一旦確定下來，就會成為一種相對獨立的存在力量，對企業的發展產生巨大的作用，它是一個企業取之不盡、用之不竭的精神資源，從而長期而有效地支援企業持續、穩定地發展。

相形之下，那些缺乏企業文化和精神動力的企業，往往不是曇花一現，就是幾年之後便成過眼煙雲，更不要說在市場上與別的品牌一決高下了。

作為一個企業的領導者，最重要的工作就是建立蓬勃向上的企業文化，如果沒有意識到這點，成天忙於繁雜的事務，再多的犧牲都不值得。

與逆境抗爭，與困難拚搏，就能找到生命的價值和意義所在，這一度成為一些有影響力的大企業的精神風貌。企業經營狀況好，能夠獲得高額利潤固然重要，然而更為重要的，在於與命運抗爭，敢於向種種外在危機和困難宣戰，從而在實際的鬥爭中獲得寶貴的勝利。

如果我們一味地認為，人生來就是為了追求人生的快樂和幸福，那我們將失去一些極為珍貴的東西，儘管追求人生的快樂和幸福也是人生的重要意義，但它卻不是人生意義的全部。

真正的快樂是在逆境奮鬥之中而獲得的，能夠明白這個重點，領導者才能真正瞭解克服危機和險境的實質精神。

花些心力，打好同事關係

若能在自己做得到的範圍內多幫同事一點忙，對方必會感激你體貼的行為與心意，如此自能促進彼此良好的關係。

同事關係是每個人職場生涯中極爲重要的一環，因爲平常工作時，有大半時間要與同事相處、配合，所以工作能否順利進行、職場生活是否愉快，都會與同事關係有極大相關性。

在職場上，要與同事相處愉快，得遵守以下四大法則：

・不要有親疏遠近之分

對待所有同事要一視同仁，不要有親疏遠近之分。

有些男性面對美麗的女同事時，容易顯得特別親切或多話。雖說這種表現也可以說是出於一種服務精神，有些女性也不會因此產生反感，但如果只想親近、取悅對方，卻忘了自己本來要談的正事，很可能會招致其他同事的反感與不滿。

在辦公室裡時常會看到這種情況，有些男性對於某些特定的女同事是直呼她的暱稱，但對於另一些女同事則循規蹈矩地稱呼小姐。像這種差別待遇，即使不用特別指出，女同事也會敏感地感受到差別待遇。

所以，在職場上，男性必須尊重自己周圍同事微妙的感覺，尤其面對女性同事更是必須謹言慎行。一些只可對男性使用的粗俗話語千萬不能對女性使用，否則很容易傷害對方。這種言詞上的傷害，有時甚至遠超過實質上的傷害。

女性的情況也一樣。從女性的眼光看來，或許會覺得有些男同事感覺遲鈍、行為粗魯，甚至想法與觀念有些自以為是。

但是，為了維持辦公室裡和睦的工作氣氛，除非對方的行為和言語過於失禮，不然對於某些自己看不順眼的行為，要學習「睜一隻眼，閉一隻眼」，不可太過於吹毛求疵，才不會發生糾紛。

‧交談時不要涉及他人隱私

「拿了多少獎金？」「是不是和戀人分手了？」若談話中涉及這類個人隱私，即便在場的只有自己和對方，也是冒犯了他人的隱私。

的確，與同事人談談個人生活方面的煩惱或心事，能增加雙方的親密感。但在詢問對方這類涉及個人隱私的問題時，要先考慮彼此的關係是否那麼親密，自己的問題是否會讓對方難堪、尷尬、不知所措。

雖說同事之間不是不能變為知心好友，但並非每個人都有這類想法。尤其在職場上，有些私人隱私話題很容易就變成具有攻擊性、毀謗性的謠傳，因此多數人面對同事時，多半仍懷有一絲戒心。

基於這點，在工作場合與同事談話時，應當注意少觸及對方不願多談的個人隱私，以免使彼此尷尬。

‧和同事一起用餐時，各付各的帳

下班之後，同事們一同出去吃頓飯、喝兩杯，消除一下工作疲勞，為緊張的生活喘一口氣，這是很常見的交際活動。

這個時候，大家最好是各付各的帳。若是今天甲請客、明天乙付帳，彼此這樣請過來請過去，就好像是彼此借貸的金錢遊戲一般，容易惹出麻煩。而且這樣來來往往之後，常常最終還是不公平，很容易引起不滿。

「我上個月請了好幾次，這個月他才回請我一次，這樣我豈不是吃虧了嗎？」即使是親密的朋友間，也難免會隱藏這樣的不滿。而且只要稍有這種不滿的情緒，就很有可能引發糾紛。

因此，同事之間最好從平常就養成各自付帳的習慣，而且要嚴格遵守這個慣例。唯有如此，同事之間才能一直保持著良好的關係。

另外，有些人喜歡找各種理由，利用公司的交際費大吃大喝。這種人看起來好像交際手腕很高明的樣子，但這種做法其實很卑劣，不足以效法。若哪天被上司發現眞相，可能連飯碗都不保，早晚得自食惡果。

因此，如果想與同事大吃大喝一頓，消除工作上的疲勞、增進彼此情誼，那就自己掏腰包享受，厲行各自付費的規矩，如此才能享受一頓最美味的佳餚。

• 為同事多做一些

有人總說：「我絕對不做泡茶倒水之類的雜事。」或是要他幫忙跑腿、影印文件，就像吃了莫大的虧。

像這種人，與同事的關係多半很差，因爲他不懂得體諒對方，做事又斤斤計較，所以必然不討人喜歡。

當然，這不是要人放著正事不做，專替同事跑腿，或是任勞任怨、默不吭聲地隨人使喚，只是，若能在自己做得到的範圍內多幫同事一點忙，對方必會感激你體貼的行爲與心意，如此自能促進彼此良好的關係。

誠實待人，真誠溝通

不管彼此合作的時間有多久，都不可認為不經溝通，對方就會明瞭自己的心意，這種自以為是的想法，會成為溝通的障礙。

身為領導者，在職場上對待合作夥伴，絕不能採取欺騙的手段或讓對方吃虧，必須將周圍情況和自己的想法全讓對方知道。必須坦誠待人，應把自己的一切毫不保留地亮給對方看，然後再請求對方的幫助。

如果在求助於人時，哪怕只隱瞞了一件事，那對方的協助多半也會有所保留；只有傾心相待，對方才會傾力相助。

然而，坦誠相待往往是需要勇氣的，並非人人都能做到。

幾乎所有人際關係的問題，都源於彼此對角色和目標的認識不清，甚至互相衝突所致。所以，不論在辦公室交代工作，或在家中和伴侶協調家務，都應該越明確越好，以免產生誤會、失望與猜忌。

對切身相關的人，人們總抱持許多期待，卻誤以為不必明白告知，對方也能明瞭。以婚姻為例，夫妻雙方都期盼對方能扮演某些角色，但卻從不開誠佈公地討論，有些人甚至連自己懷抱著哪些期望都不清楚。結果，雙方就容易因此產生誤會，甚而使婚姻破裂。

人們總認為，關係既然如此密切就應該更有默契，殊不知其實不然。因此，寧可慎乎始，在關係開始之初，就明確瞭解彼此的期待，這樣做縱使需要投入較多時間和精力，卻能省去之後不少麻煩。否則，單純的誤會可能一發不可收拾，阻絕了往後彼此溝通的管道。

坦誠相待有時需要相當的勇氣，若是逃避問題，但求船到橋頭自然直，反倒輕鬆許多。但就長遠的角度來看，採取這種做法多半事後會懊悔莫及。

最高領導階層不和的現象在各公司行號都十分常見，像是合夥人明爭暗鬥、董事長與總經理互別苗頭……等等，這種鬥爭常使企業領導人縱使事業做得再大，卻因解決不了切身問題，結果造成自己以往的心血與付出毀於一旦。

在創業的過程中，領導者與合夥人莫不胼手胝足、夙夜匪懈，付出極大的心力與汗水，以求實踐理想。

在這過程中，或許夥伴間難免會有摩擦，但因彼此地位、處境相近，又有共同的理想，因而經由數次溝通後，多半能解決衝突與矛盾。但在創業成功、公司逐漸步上軌道之後，經營狀況表面上看來風平浪靜，實則底下可能暗潮洶湧，領導者與合夥人之間理念與利益的衝突，也許反倒更加劇烈。

而且此時各人分掌不同部門，加上事務繁雜，甚至可能有地位上的差距，這些種種因素都會阻礙了彼此間的溝通。由於缺乏溝通，衝突與矛盾就更深，最後就會導致不可收拾的後果。

由此可見，即便在公司裡爬到了領導者的位置，仍有彼此溝通的重要性，這點不管事業有多大、地位有多高，均是如此。

另外，不管彼此合作的時間有多久，都不可認爲不經溝通，對方就會明瞭自己的心意，這種自以爲是的想法，會成爲溝通的障礙，嚴重破壞彼此間的關係。領導者對此不可不愼！

05

擁有魅力，自然無往不利

我們會認真聆聽別人的問題，
並在不知不覺中被對方的魅力蠱惑。
由此可見，若能發揮魅力，
對他人會產生極大的影響。

有壓力，才有進步的動力

沒有壓力就沒有進步的動力。要想使屬下力求上進，就要給予適度的壓力，如此才能激發他們的競爭意識與上進心，進而提高組織的效率。

身為領導者，必須懂得「有壓力才會有動力」的道理。對現代企業來說，進步的動力主要來自與同行其他企業間的激烈競爭，因此，當企業面臨困境、員工萎靡不振的時候，企業的領導者就必須對員工們施加適當的壓力，把本企業所面對的最主要競爭對手擺到醒目的位置，強調它已成為我方生存與發展的最大敵人，我方要想挺起胸膛，唯一的辦法就是讓對方彎下腰去。

這樣，員工們就能深切體會到企業的競爭對手與個人之間的關係，自然會在領導人的鼓動下，傾盡全力為個人的生存、企業的發展努力工作。

中國四川某縣有一家酒廠，八〇年代前期的效益相當不錯，但後來外地質優價廉的名酒紛紛打入本地市場，因而使該廠的產品無人問津；工廠虧損嚴重，幾乎已到了山窮水盡的地步，員工們的情緒都十分低落。

某天，該廠的廠長召集全廠的幹部、技術人員、員工開會，並對大家說：「我們工廠這兩年的情況相當差，大家看看街上，到處都是『五糧液』、『劍南春』……等外來酒，但是，本廠所產的酒卻乏人問津。所以，如果大家有志氣的話、如果大家要想過好日子的話，就應該一起努力，打倒那些外來酒廠，把我們的酒推銷到宜賓、瀘州去！」

這番話激起了大家強烈的競爭意識，因而全廠員工齊心協力、努力工作，終於解決了技術問題，研發出更好的產品。最後，該廠還在一九九二年舉辦的「巴蜀食品節」上，贏得了三項大獎；而且他們的產品不僅打入了宜賓、瀘州市場，甚至遠銷到東北、西北各大縣市。

當酒廠面臨倒閉的危險，員工們的工作情緒持續低落時，酒廠廠長凝聚了每位員工的心，並且站在員工利益的角度，指出正是哪些品牌使員工們沒有好日子過，從而激勵大家以超越這些品牌爲目標，勤奮努力、振興企業。這一番話激起了員工們強烈的危機意識和競爭意識，鼓舞了員工們的士氣，最終挽救了岌岌可危的酒廠。

沒有壓力就沒有進步的動力，四川該家酒廠的廠長深明這個道理，所以能夠刺激員工挽回劣勢，並爲工廠帶來一番新氣象。

其實，不僅在工廠方面是如此，在企業、學校等任何場合中，領導者要想使屬下力求上進，就要給予適度的壓力，如此才能激發他們的競爭意識與上進心，進而提高整個組織的效率、爲組織帶來更大的利益。

先學傾聽，再學溝通

學會傾聽的技巧，不但能使你更輕易了解說話者的想法，確實達到溝通交流的目的，進而使對方容易接納你的觀點。

許多人在交談的時候總是喜歡滔滔不絕，尤其推銷員更是如此，因而容易讓人心生厭煩。正確的做法，應該儘量讓對方說話，畢竟他對自己的事業和問題瞭解得比你清楚，因此應該是你提出問題，讓他告訴你答案，而不是你滔滔不絕地說。

對方說話的時候，如果你打斷他或是表現出冷漠、不耐煩的樣子，都是不明智的的舉動，應該要耐心地讓他把話說完。

那麼，傾聽究竟能使人獲得怎樣的好處呢？

• 傾聽能使人感覺被尊重和被欣賞：

人們都傾向於關注與自己有關的問題，傾向於自我表現。因此，一旦有人願意傾聽我們談論自己，就會感到自己受到了尊重。

有人曾說，專心聽別人講話的態度，就是給予別人最大的讚美，而且透過認眞傾聽的過程，你也會獲得極大的好處──別人將用熱情和感激來回報你的眞誠。

• 傾聽能夠增進彼此的瞭解與溝通：

一般的推銷員上門推銷商品時，多半只顧著說自家的產品有多好，但這種推銷方式只會令人厭惡。一個成功的推銷員說過：「優秀的推銷是自己只說三分之一的話，把三分之二的話讓給對方去說，然後專心地傾聽。這樣的推銷方式，反而更能讓顧客接受你的商品。」

• 傾聽能夠減除他人的壓力，幫助他人理清頭緒：

美國總統林肯在南北戰爭陷入最困難的情況時，身上肩負著來自各方面的壓力，於是他把一位老朋友請到白宮，請他傾聽自己的問題。

他們交談了好幾個小時，大多數的時間都是林肯在說話，還談到發表一篇解放黑奴的宣言是否可行的問題。

林肯仔細分析了這項行動的可行之處和不可行之處，並把一些發表在報上的討論文章唸出來，在這些文章中，有些人因爲他不解放黑奴而罵他，有些則是害怕他解放黑奴而罵他。

數小時之後，林肯並未徵詢老朋友的意見，只是和他握握手，把他送了回去。

後來這名朋友回憶說，透過傾訴使林肯的心境清晰起來，並且心情舒暢許多，他僅僅是充當一名合格的傾聽者，沒有給他任何建議。

不過，這正是我們在遇到困難時所需要的。心理學家已經從理論的角度證實，傾聽可以減除心理壓力，當人有了心理負擔和難以解決的問題時，找一個恰當的傾聽者是最好的解決辦法之一。

- 傾聽是解決衝突、矛盾，處理抱怨的最好辦法：

一個有耐心、有同情心的傾聽者可以使一個牢騷滿腹，甚至不可理喻的人變得通情達理。曾有過這樣一個例子，某電話公司曾碰到一個霸道、蠻不講理的客戶，不僅對電話公司的工作人員破口大罵，甚至還威脅工作人員。此外，他又寫信給報社，向消費者保護協會投訴，到處告電話公司的狀。

面對這種情況，電話公司派了一位善於傾聽的調解員去見這位客戶。這個客戶一見到他便怒火中燒，憤怒地大聲「申訴」，但這個調解員只是靜靜地傾聽，並不時報以理解的眼光和話語，就這樣足足聽那名客人發了三個多小時的牢騷。之後，那名調解員又兩次主動上門傾聽這名客戶的不滿和抱怨，就在他第四次拜訪時，對方把他當成自己最好的朋友了。

這位調解員正是運用了傾聽的技巧，他的友善、耐心、同情、尊重使那個蠻不講理的客戶變得通情達理了，最後終於徹底解決了公司和這位顧客之間的矛盾，而且兩人還成了好朋友。

- 傾聽能幫助你學習與成長：

懂得傾聽不只能從別人那裡學到許多東西，能夠充實自我，同時又可以擺脫自身的偏見與固執，成為一個虛懷若谷且受人歡迎的人。

傾聽能使我們學習他人之長，彌補自己之短；同時，別人身上出現的缺點或錯誤對自己更是極佳的借鏡，若能懂得引以為戒，自己就能不斷成長。

- 少說多聽才能保護自己的秘密：

很多人都曾有過這樣的經驗，說話說得過多時，就很容易把自己不想說或不該說的秘密說出來，為自己或他人造成不良的影響，在商場上更是要特別留意這一點。所以，有經驗的商人在與客戶談判時，總會先把自己的底牌藏起來，在適當的時候才打出自己的牌。

《聖經》上說：「上帝賜給我們兩個耳朵、一個嘴巴，就是要我們少說多聽。」瞭解了傾聽的好處後，再來就是要懂得如何運用傾聽的技巧。

一般而言，要掌握傾聽技巧，大致上有幾個基本要領：

・真心願意聽，並集中注意力去聽

如果你的時間有限，或因爲某種原因不想聽別人說話時，最好一開始就客氣地提出來，說明自己還有別的事必須要做，切記，不要不願意聽又勉強自己去聽或是假裝在傾聽。因爲這種心態逃脫不了說話人的眼睛，說話者反而會因你的不專心和沒誠意，對你產生極大的不滿。

・要有耐心

要耐心地讓說話者把說話完，直到你聽懂他所有的意思。如果他的表達方式有些混亂，你更要發揮耐心，讓他把想要表達的說明白。想要達到傾聽的目的，就必須讓對方把話說完，即使他的觀點你無法接受，甚至會傷害你的感情，也要有耐心聽完。

・避免不良習慣

很多人在聽話時，常會有一些不良習慣，例如在別人說話的時候插話打岔、改變說話人的思路和話題、任意評論和表態、一心二用……等等。這些習慣都非常不好，不但會妨礙自己傾聽別人的意見，更會讓說話人心生不滿，如此非但無法達到溝通的目的，反而容易不歡而散。

・適時鼓勵以及表示理解

一個好的傾聽者在傾聽的時候，應該保持安靜，臉朝向說話者，眼睛看著說話人的雙眼和手勢，這樣可以更容易理解說話人要表達的意思。但光只有這樣還不夠，還要對說話者的說話內容適時並恰當地反應、鼓勵或表達理解之意。可以透過點頭、微笑之類的動作，或是「是」、「對」之類的簡短回應，表達你的理解和共鳴，讓對方知道你在認真地聽，並且聽懂了。

當然，這種理解和鼓勵應該建立在聽懂的基礎上，如果你並未聽懂某句話，就應該要求對方重複一遍或解釋一下，這樣對方才能順利地說下去，而你也能夠聽懂，這樣才有達到交流的效果。

• 要能適時地做出反應

適時做出反應的目的也是為了傾聽。說話者的話告一段落時，做出一個聽懂對方談話的反應，可以給說話者極大的鼓舞，尤其是在你做出準確的回應後，說話者的心會自然而然會靠近你。

既然如此，應該如何做出回應呢？可以這樣說：「你的意思是……」、「你是認為……」等等，但要記住，做出回應時得儘量弄清楚說話者正確的意思，若是做出不準確的反饋反而會不利於傾聽。

傾聽既是一種技巧，更是一種人格魅力。學會這種傾聽的技巧後，不論是在商場上的業務方面、家庭糾紛方面或是各種人際關係的處理上都會有極大的幫助，不但能使你更輕易了解說話者的想法，確實達到溝通交流的目的，還能進而使對方容易接納你的觀點，是成功領導者必備的技巧之一。

擁有魅力，自然無往不利

我們會認真聆聽別人的問題，並在不知不覺中被對方的魅力蠱惑。由此可見，若能發揮魅力，對他人會產生極大的影響。

個性是一個人的特點和外表的總和，由於每個人的特點不同、外表不同，所以展現出的個性必然不同。世界上不可能有完全相同的兩個人，因爲你的外貌、言行與別人不同，因而這一切不同又構成了不同於別人的你。但是，你的個性是否令人欣賞又是另一回事了。

身爲一個人，你的個性就是內在品格所表露於外的那一部分，儘管不一定是透過外在表現出來，但外表卻是個性中不可或缺的一部分。

我們認識一個人，首先就是從他的外表開始，進而才有更深層的交流，才會了解他內在的個性是什麼。

不過，外在表現遠不只外貌這一部分，即便與別人握手的時候，也會透過這個行爲顯示出你的個性，由此能看出你和與你握手的人關係如何。

此外，眼神也是構成個性的一部分，當眼神與他人交會時，對方可以透過你的眼神更加瞭解你；還有你身體的活力（或者說是魅力），同樣是組成個性的一個重要元素。

總而言之，個性必定會透過一些外在表現展露出來，這些表現更能用來展現你的魅力，使別人喜歡你。

以下是一位經理所敘述的親身經驗，正可說明一個人的魅力究竟是如何展現出來，又會對他人有多大的影響力。

「某天我正在辦公室上班的時候，有一位老婦人來找我，而且要求親自見我本人。我的秘書再三試探她的目的，可是她卻始終守口如瓶。我因此推測她或許是一名推銷員，想到這裡來推銷一本書或其他什麼東西。我原本想直接拒絕她，不過當我想起自己的母親也曾做過類似的工作時，就決定去接待她一下，但不管她要推銷什麼，我絕不會買下它的。」

「當我走出辦公室，踏上走道時，我看見她帶著微笑站在會客處。雖然我見過無數人的微笑，可是那時卻覺得她的微笑是最甜美的，我從沒見過那樣的微笑，而且也許是受到她的感染，我的嘴角也開始微笑了起來。」

「當我和她還有一段距離時，她友好地抬起右手，信步向我走來，我不禁也伸出右手去和她握手。一般而言，我對初次見面的人一向不會太友善，但當我看到她時，就是不自覺地想親近她。而且，當我的手和她的手一接觸時，我驚訝地發現不僅她的微笑很迷人，就連握手的方式也很特別。她用力地握住我的手，但又不是握得很緊，和她握手讓我覺得她和我握手是件令她感到十分榮幸的事，在握手當中，她傳達了對我的好感。」

「因而當我一接觸到她的手時，就好像知道我已經『失敗』了。我知道自己肯定會答應她的請求，即使她的請求不合理，我也必定盡可能答應。或許可以這麼說，看到那個深入人心的微笑，以及那個特別的握手方式，我心理的全副武裝早已被解除了，使我心甘情願地成為她的『俘虜』。」

「老婦人與我握手後，她非常從容地說：『我來的目的是想告訴你……』」

「我馬上問：『告訴我什麼？』」

「『先生，我認為你所從事的是天底下最美好的工作。』她說話時，雙眼緊緊注視著我，並且手也握得更緊一些，像是在強調這一點似的。」

「我就像是被看穿了一樣，站在那裡茫然不知所措。當我清醒後，我趕緊伸手打開辦公室的門說：『請進，親愛的女士，請到我的辦公室裡來，我們可以好好聊聊。』簡直就像紳士在街上碰見大戶人家的小姐般彬彬有禮。」

「在接下來那段時間裡，我靜靜地聆聽著我有生以來聽過最聰明而又迷人的談話，那位婦人完全佔了上風，我只有傾聽的份，她的話實在是太迷人了。」

「她一坐在椅子上便拿出一本書，我以為自己猜對了，她是來向我推銷這本書的，可是她沒有向我介紹這本書，只是翻閱著，並且不斷把其中一些她事先劃好的內容一一唸出來。接著，她非常巧妙地向我說明她推銷的某些保險的優點，雖然她並沒有要求我購買，但她說明的方式卻驅使我想去買。」

「由於我已經保了保險了，並未購買她推銷的保險，但我仍把她介紹給我幾個好友，並請他們再把她介紹給別人。這樣一來，她賣出的保險就比賣給我的保險金額足足多了七倍。」

這個例子說明了每個人或多或少都有些自負，所以我們會專心聆聽別人對自己的眞誠評價和讚美，然後做出回報，我們也會認眞聆聽別人切身相關的問題，並在不知不覺中被對方的魅力蠱惑，進而買下他推銷的產品。由此可見，領導者若能發揮自己的魅力，能對他人有多大的影響。

人的美麗不在外表的漂亮，在於人性的美麗，而人性的美麗就在於富有魅力的個性。

只是，怎樣才算富有魅力的個性呢？

其實，富有魅力的個性也就是可以吸引他人的個性，而且這種魅力是每個人都有的，重點在於你能否發覺它、表現它，進而讓他人受到你的吸引與影響罷了。

優秀的領導要深諳開會訣竅

會議開始之後要先用較輕鬆的議題開場，然後再逐步轉移到很費時、費力的中心議題上，但要注意別讓討論的內容偏離了中心主題。

把會議主持好是領導者必修的一門學問，大多數的人必須經過多次的經驗累積，才能掌握好開會的節奏，不至於浪費時間。許多優秀的領導者都明白這個道理，並深諳開會的訣竅。

不過，即使你過去有這方面的缺失也無妨，日後仍然有許多機會展現你的風采、鍛鍊你的才能，使自己成爲一個卓越的領導者。

一般而言，會議大致有以下幾種作用：

• 相互溝通：

領導者把許多人召集在一起是要讓大家知道股利增加了，或者有新的人事變動，總之是爲了傳達重要訊息。

• 解決問題：

召集一群人，共同想辦法尋求問題的最佳答案。

• 處理危機和控制危害：

集中所有人，以便解決正在擴散當中，並有可能造成更大危害的傳言。

• 提高威望：

在會議中，董事長和總經理的位置永遠是最顯著的，藉以表示他們的地位特殊。

• 友情幫助：

把大家集中起來，當衆稱讚某個人的傑出表現。

因爲開會有這麼多的作用，所以我們不能以開會花時間爲由，而取消所有會議，而以收發公文方式解決。

此外，對於一些較特殊的行業來說，開會本身就是他們的工作之一，可以說開會是每個公司中絕對不能避免的。

假如你是會議的主持者，那麼應當記住以下一些原則：如果召開會議的最終目的只是爲了傳達資訊，那麼寄發通知書或者是郵件的方式會不會更方便、快捷呢？開會的目的，不過是讓你知道哪些人參加了會議，而且你可以當場評估大家對這則新消息的反應。

反過來說，如果是爲了討論某一個問題，那麼在會前，你最好將與會議有關的議題及背景資料，透過電子郵件的方式讓與會者知道，以便讓他們可以提前思考解決問題的辦法，會議的進行才不致於缺乏效率。

另外，電腦、網路科技已成爲目前解決問題的新發展方向，參加者在會前或會中就可以將各自的見解和結論輸入電腦，還可以同時得知他人的見解，快速評估這些意見。特別是由於採不記名的方式，透過網路科技更能讓與會者暢所欲言。

假如出現了危機，就要把所有相關人員召集起來商討，至少也要用電話或電子郵件通知他們，讓他們提出自己的觀點及建議。

此外，會議也是一種領導人維持自身地位的儀式，不失爲一種強調組織結構的辦法，但切忌做得太過頭。

會議如果只是以強調領導地位爲目的，但大家的出席意願很低，那麼最好停止召開，別再浪費彼此的時間；如果能使這種會議變得生動、活潑、有趣，那就可以考慮繼續維持。

請記得，必須開的會要按時召開，不必等遲到的人到齊，那反而浪費已到者的時間，除非是非常關鍵的人物或演講者，但是那畢竟是非常特殊的情形。

還有，會議開始之後，可先用較輕鬆的議題開場，然後再逐步轉移到很費時、費力的中心議題上，但是要注意，別讓討論的內容偏離了中心主題，而且會議結束後，也應立即散會。

這對於固定在週末前夕召開的業務會議格外重要，況且在主要問題討論完畢後馬上解散，可以讓辛苦了一星期的員工們有時間做一些自己喜歡的事。

決策果斷是成功的必要條件

要做出好的決策，並且決策果斷，是需要練習的，只有平常多練習、多吸收知識與經驗，才能將自己培養成良好的決策者。

曾經擔任美國總統的亨利·杜魯門曾經寫道：「有領導能力的人，能夠讓部屬喜歡做他原本不想做的事。」

想讓部屬喜歡做原本來不想做的事，訣竅就在於領導者如何運用手中的賞罰權柄，並且明快果斷地發號施令，透過正確的決策建立自己的威信，如此就能讓部屬信服，樂於追隨領導者的步伐前進。

一個完善的決策過程必須要有基本的框架，優秀的領導者在進行決策的時候，也要秉持原則，條理分明。

有些人會將決策固定爲一種模式，但要運用得當是需要訓練的，不能只是紙上談兵，畢竟，雖然瞭解基本決策模式很重要，但學會如何運用，還更爲重要。

做任何決定的首要步驟是要瞭解目的，然後再考慮可行方案，最後要考慮風險。你可能還有其他妙招，但這是最基本的，不了解決策模式的人，往往只會白白浪費時間和精力。

在你練習使用決策模式時，剛開始可從一些小型的計劃著手，然後評估結果。最好的決策辦法，是將各種可行的方案寫下來，再把每一個方案的優缺點都列出，並加以權衡利弊得失，最後得出結論。

其實，無論是哪一個方案都有優缺點，好的決策還是應該先瞭解採用這個方案會有怎樣的發展方向，同時還要評判方案本身的優缺與重要性。按照以上方法你就會發現，做決策並不像你想像中那麼難。

不過，若是想要更有果斷力一些，想將決策的模式與流程結合到時間管理的技巧之中，那就要多研讀一些相關的書籍，或者向優秀的決策者請教，觀察他們如何決策，多思考他們做決策的巧妙之處。

也許有人會說，他們做決策是憑直覺、是靠感覺與本能。

事實上，對成功人士來說，所謂的直覺並非憑空產生的，而是來自廣博的知識與豐富的經驗。由於他們十分瞭解某個主題，又有很豐富的經驗，才使得決策成爲一種很自然又簡單的事。

所以，在決策的過程中，不必否認直覺，但也不要一直仰賴它們。最重要的是，要多蒐集相關知識，才能讓直覺更具準確性。

決策果斷，是成功領導者的必要條件，應該要從小處開始，多多練習決策的模式，這樣遇到大事時才不會驚慌得不知所措。況且，要能做出好的決策，並且決策果斷，是需要練習的，只有平常多練習、多吸收知識與經驗，才能將自己培養成良好的決策者。

充分利用時間就是愛惜生命

我們一生中的每分每秒都是很重要的，因為正是這一分一秒構成了我們的生命，所以浪費時間即是浪費生命。

從許多現代企業領導人的辦事效率，我們可以知道，想成爲有一番作爲的領導者，必須善於利用自己可以掌握的分分秒秒。

身爲一個管理者必須懂得充分運用時間，並且在教育部屬的過程中，讓他們明白時間就是金錢，珍惜時間就是珍惜生命。

時間就是生命，充分利用時間就是善待自己的生命。但是，並不是每一個人都能把握時間，使自己時時都朝著正確的方向前進。

有些人的問題在於主動性不強，需要有人時時督促；有的人則是對自己的要求不嚴格、容易懈怠；還有一些人僅是因爲習慣，那些壞習慣使他們安於現狀，阻礙了他們的發展。另外，還有一些人卻是對自己應該做什麼，應該如何去做和什麼時候去做都一無所知。

若是你有以上這些情況，不妨按照以下的建議做做看：

・安排計劃表：

如果你對要做的事不清楚，心裡沒有定數，不知道應何時做何事的話，可以試著把所有的資料條理清晰地整理在一個本子上，如「計劃簿」、「每日時間表」和「日程簿」都是不錯的選擇。

・換個地方工作：

如果你很難調整自己的積極性，那麼也許是你需要換個環境了。

有許多不好的習慣都是在家中養成的，只要是在家裡，那些習慣就擺脫不了；此外，在家中也容易受到雜事的影響，例如電話、門鈴、鄰居等都會使你分心，所以不妨離開家裡、轉換環境，也許離開家後就能全心投入工作。

・儘早開始：

因為太晚行動而無法完成當天計劃，是件十分令人喪氣的事。很多人常常會因為時間不足而無法完成事先預定的計劃，於是乾脆放棄繼續接下來一整天的規劃，白白浪費了一天的時間。

所以，解決這個問題最好的方法，就是培養儘早開始的好習慣。

人生中的每分每秒都是很重要的，因為正是這一分一秒，才構成了我們的生命，簡單地說，浪費時間即是浪費生命。

因此，若你不想白白到這世間走一遭，不想在年老力衰時才後悔自己一無所成，那就好好珍惜從現在開始的每分每秒吧！

避免時斷時續的工作狀態

時斷時續的工作方式會降低領導者的工作效率，也會干擾領導者的工作情緒，工作成果自然不佳。

做事斷斷續續是領導者浪費寶貴時間最常見的原因。

這種工作方式會消耗那麼多時間的原因在於，當領導者的思緒被打斷，而後重新開始先前的工作時，得花很多時間來調整工作情緒及注意力，以便能在停頓的地方接下去做。

所以，領導者若想要提高工作效率、提升公司的業績，就要避免這種情況發生。

以下就是避免或儘量減少時斷時續的幾種方法：

‧僱一名效率高的秘書：

要避免自己的工作被打斷的最好方法，就是在你和經常打斷你工作的人之間，安插一個中間人，如果能夠控制別人來找你的時間，你就無須把時間浪費在重新適應原先的工作上了。

不過，如果要這樣做，一定得空出一些時間，讓你的部屬能在某個時間裡隨時找到你，以免出現突發狀況。

‧給自己一段完整的工作時間：

如果你從事的工作需要高度集中精神，就得讓自己有一段完整的時間工作，這樣能防止別人打斷你，你也不必把時間花在與他人談話和重新集中精神上。

另外，當你在較長時間內連續工作時，就會發現自己越來越有工作幹勁，也可以完成較多工作，工作效率明顯地提高。

‧在規劃辦公室時，應考慮最好能避免受干擾：

如果你是高階管理者，對自己的辦公室設計有發言權，應該把它設計成那種只有經過允許，來訪者才能進入的地方，或是把辦公室安排在合適位置，以便在外出或上廁所時有沉思的時間，不必擔心會碰見他人。

若是你沒有權力決定辦公室的格局與設計，至少在辦公室的門口掛上「工作時間謝絕來訪」的小牌子，以避免他人的干擾。

• 改變使用電話的方式：

現代社會中，許多人都成了電話的奴隸，而不是將電話作爲有效的工具來利用。要避免這種狀況的方法之一，就是不要讓電話直接轉入你的辦公室，而是由秘書或總機幫你接聽，然後記下重點摘要，再決定要不要回電。

此外，每天應抽出一段時間用來專門回電話。你必須清楚，電話是爲了自己方便才安裝的，別讓它反過來支配你。

• 堅持一早就起來工作：

「一日之計在於晨」，專家們研究發現，清晨的工作效率的確比較高，所以如果你能在早晨起床後迅速投入工作，也許會發現這一天自己充滿工作幹勁，進而專注在工作上的時間也就延長，效率也就提高了。

時斷時續的工作方式會降低領導者的工作效率，也會干擾領導者的工作情緒，工作成果自然不佳。最好的工作模式，應是花一段時間全心投入工作之中，再輔以適當的休息，如此效率才會提高，而不會浪費寶貴的光陰。

使自己的工作趕上進度

只要事先安排好一些工作，就能隨時利用等待的時間做事，這樣即便有偶發的延誤也不必煩惱了。

絕大多數的領導者都知道時間的寶貴之處，也知道提高工作效率是珍惜時間的最佳辦法，只是，有時會因工作份量過多或突發事件而延後工作的進度。

在這種情況下，不但工作無法如期完成，自己也會變得焦躁不安，進而影響之後的工作情緒。

不過，事實上這種情況是能夠避免的，以下提出兩種辦法供領導者參考：

• 妥善將工作分給他人：

提高效率最好的途徑莫過於合作，把部分的工作分配給其他人。

不過，要把工作分配給別人，首先必須知人善任，才能協調好別人的工作，讓別人就像陀螺般圍著你協調運轉。當然，你還得知道每個人的長處、短處，這樣才能把他們安排到最能發揮的職位上。

另外，還必須給他們適當的自主權，才不會大小事都得靠你決定，否則就喪失分配工作的意義了。

•事先安排好大量的工作：

你是否多次在意外的延誤中白白等待，卻無所事事呢？對於一個不大珍惜時間、不會合理利用時間的人，必定常發生這種情況，一定常常花時間在等待上，而且也必須要等待，但等待令人心煩且又白白耗費了時間。

爲了避免這種情況出現，最好的辦法就是事先安排好工作，定出隨時能應變的計劃。這樣不但不會因類似航班誤點這種偶發狀況頭疼不已，還能隨時打開公事包工作。只要事先安排好一些工作，就能隨時利用等待的時間做事，這樣即便有偶發的延誤也不必煩惱了。

身爲領導者，必須了解了安排工作進度的重要性，只是，若自己的工作無法跟上進度，那即便安排了進度表也沒有用。

以上這兩個辦法恰能有效避免這種情形，不妨嘗試看看。

運用智慧安排時間

信件和電話都應分門別類，要先處理對你最有利、最有影響力的。不過，這個方法只是提供一個大方向，實行時還得運用智慧斟酌才行。

二十一世紀的商業市場，是一個複雜多變的戰場，每天都進行著激烈的廝殺。在瞬息萬變的競爭中，身為一個企業領導者，無可避免地必須面對比過去更劇烈的環境變遷，以及競爭對手的無情挑戰，因此更必須懂得運用本身的智慧，將時間用在最有效益的地方。

古希臘哲學家亞里斯多德說過，人是政治的動物，「政治」即是管理眾人的事，不光是在市政府和國會才存在。政治的本質內涵是管理社會事務，也可以說，政治就是人類的管理學。

有些人認為，個人無須學好政治技巧，只要做好分內工作，報酬自然就會到手；但實際上的情況通常不是這樣，僅僅熟悉分內工作是不夠的，因為每一項工作都包含著政治面，亦即都會牽扯到「人」的層面，一旦忽略這一點，未將這個層面處理好，事情可能就會變得很糟。

對政治圈而言，一位老練的政治家對諸如接電話、約見人這類事情的唯一標準是權力大小，當他面對成堆的未接來電時，並不是問：「誰先打來的？」而是問：「他們之中，誰的權力最大？誰對我的用處最大？」

同理，市長、高層政府官員也不會每天都一一答覆收到的信件和電話，他們把這些全部交給秘書去處理，但即便是秘書在處理這類事情，所採用的原則同樣是：「誰的權力大？誰可以利用？誰可能會造成嚴重負面的影響？」

不光只是政治家，一些遠離政治圈的人也得小心謹慎地處理這些問題。

當亞伯肯地區長老會醫療服務中心的人事總經理瑪麗．布林被問到「最先答覆哪些人的電話」時，她毫不考慮的回答說：「捐款者和董事的電話。」

這是顯而易懂的，僱傭、升遷、開除是由董事決定的，而捐款者則是她的「上帝」，是組織的支持者。

由此可知，對一切信件和電話都應分門別類，首先要處理的當然是對你最有利、最有影響力的。

不過，這裡面也有一些技巧，如果你的秘書被告知，除了權威人士以外的其他電話一概不接，他們可能就會因不認識所有和你交往的權威人士，而誤把其中一些當成無名之輩。或者，如果你只聽權威人士的電話，就有可能錯過了許多小人物提供的重要情報。

所以，這個方法只是提供一個大方向，實際在進行時，還是得運用智慧多加斟酌才行。

06

善用同理心
博取對方認同

若想要別人接受你的意見，
就要先對他表示出同情與了解，
並試著站在對方的立場上分析事情，
如此對方就會比較容易接受你的想法。

用說笑話的藝術成為焦點人物

要將笑話說得好不是一件容易的事，對生性害羞、嚴肅或天生寡言的人而言更是如此，但只要經過訓練，人人都能成為說笑話的高手。

當許多人聚在一起時，如果大家都沉默寡言、悶不吭聲，那聚會便失去了意義；但此時只要有一個人能談笑風生、侃侃而談，整個聚會的氣氛就會完全變了個樣子，大家都會融入熱鬧和諧的氣氛中。

一個團體當中，若有一個擅長說笑話的人，就能使聚會的氣氛變得輕鬆活潑，那人也會成爲中心人物、大家談論的話題。「說笑話」是交際高手必備的一項技能，只是，說笑話大概算是交際中最難的一門藝術了，因爲它不僅需要樂觀的天性，還需要一定的知識和技巧。

卡內基的訓練課程中便相當注重這項技巧的訓練，也使得許多原本少言寡語的學生，在學習之後都能輕鬆開口說笑話。

例如，卡內基有位學生名叫寇地斯，是一位醫生，而且醫術十分高明，但也許是天性使然，他總是沉默寡言，更不擅長說笑話，這點是他最大的煩惱。

卡內基告訴他不要沮喪，對他說：「在沒受過訓練的人中，失敗者通常占百分之六十，成功者只占百分之十，而其餘的百分之三十只能算是勉強及格者，且這百分之十的成功者大多是因爲他們天生就是一個說笑話的好手。」

卡內基告訴寇地斯，只要經過認眞的訓練，絕對能成爲說笑話的高手。

寇地斯接受完訓練後，與卡內基一同參加了一個慶祝州棒球隊取得勝利的歡迎會。若在以前，他站起來發言時一定會臉紅心跳，但現在不同了，他能以輕鬆的笑話做爲開場白，並博得在場嘉賓們的喝采。由此可見，說笑話的技巧是可以學習的，即便你生性害羞，經過鍛鍊後也能掌握說笑話的訣竅。

其實，說笑話不一定要讓人捧腹大笑，最平常、最輕鬆的笑話往往就是最高級的笑話。還有，在說笑話時，從表情到手勢都得統一，還要配合笑話的內容改變表情與動作，只要能把笑話說得生動，聽者自然會放聲大笑。

還有一個秘訣是，講笑話時切忌賣關子。因爲說笑話不同於一般對話或說故事，需要急轉而下，讓聽者在一瞬間爆笑出來，這樣的笑話才算成功。

還要注意，當你說笑話已說了一半卻無人發笑時，必須懂得自己捧場、自己放聲大笑，這麼做將不致於使氣氛陷入尷尬，也能爲自己找個下台階。相對的，當其他人說笑話時，你也應當儘量捧場，只要你適時捧了他的場，那以後你說笑話時，他也會給你面子的。

要將笑話說得好不是一件容易的事，特別是對生性害羞、嚴肅或天生寡言的人而言更是如此，但只要經過訓練，人人都能成爲說笑話的高手。領導者只要善用笑話這門藝術，就能帶動整體氣氛，並讓大家將注意力放在你身上，自然也就會成爲聚會中的焦點人物了。

訓練幽默感的五大重點

笑容會讓人開心，即使你自己很沮喪，只要試著露出笑容，心情就會開朗起來，這是幽默的最基本條件。

很多不善言詞的人一聽到幽默的話語，心裡不禁會想：「如果我也能講出那麼好笑的話就好了！」

所以，就有許多本來沒什麼幽默感的人，爲了讓聆聽者發笑，故作幽默地說一些低級無趣的葷笑話，或是讓別人笑不出來的冷笑話，有時候反而會惹來大家的不悅，或是破壞了當時的氣氛。

其實，眞正的幽默感，是自然醞釀出來的，唯有自然流露的幽默感，才有可能讓聆聽者的心靈緩和下來，彼此充分溝通。所以，想要言談幽默，首先就先期許自己做個幽默的人吧！

那麼怎樣才能成爲一個幽默的人呢？

具體來說，大略可分爲以下五種方法：

1.將自己心中的「完美主義」趕出去。

對凡事都要求完美的人，不太可能具有幽默感的。因爲如果沒有一定程度的包容，幽默感是不會產生的。

人生難免有失敗，失敗有時會讓人生更精采，如果你自己都無法認同失敗的存在，就無法成爲具幽默感的人了。

2.凡事要有開朗樂觀的想法。

人類有的樂觀、有的悲觀，如果你是屬於悲觀的人，不妨想想，悲觀幾乎不會改變事實。如此一來，還有什麼好悲觀的呢？

人要擁有樂觀的想法，想法樂觀的人會比較開朗，也比較有彈性，也已經具備了醞釀出幽默感的特質了。

3.不要將失敗的經驗累積在心中。

每個人在做一件事時，一定都希望成功，可是難免還是有失敗的情況。一般人不可能期盼失敗降臨，然後將那些失敗的經驗放在心中，再去跟人家分享的。

可是，從逆向思考的角度而言，你將你的失敗經驗告訴別人，如果不是什麼太嚴重的失敗，他們絕對會開懷大笑的。

因爲，我們都喜歡別人的失敗經驗，但是自己經歷了一模一樣的失敗，卻無法主動開口。因此，這些失敗的經驗如果由你自己說出來，別人就會覺得你是個懂得自我解嘲，有幽默感的人。

4.消滅負面的妄想情結。

如果不加以約束，大多數人的心裡會慢慢浮現妄想的情結。這種妄想並不會帶來任何利益，只會讓心情更灰暗，這樣就不會產生出幽默感了。一旦你產生了妄想，不妨提醒自己去消滅它。

5.表情很重要，不要忘記笑容。

笑容會讓人開心，即使你自己很沮喪，只要試著露出笑容，心情就會逐漸開朗起來，心情開朗是幽默的最基本條件，所以不要忘記要隨時保持笑容。

無意間說出的一句話，可能會讓你的人生變好或變壞，短短的一句話，也會讓一個人幸或不幸。你在和人說話時，是否都曾意識到每句話的重要性呢？

就因爲不是每個人都經得起開玩笑，所以，想要成爲一個幽默的人，不要開別人玩笑，而應該試著對自己開點玩笑。

像是故意提到自己的弱點或自卑的地方，說一些誇張的話或俏皮的話，時而說出帶點諷刺的話……等等。

你可以經常找機會練習，想要說出具有幽默感的話，你自己就必須先成爲具有幽默感的人才行喔！

有技巧的批評才能發揮效用

批評的目的應是讓對方了解錯誤並進行改正。因此，成功的批評應該在不損對方自尊心的情況下，使對方心甘情願地接受你的建議。

批評是一門藝術，一旦把握得不好，藝術便會變成惹人厭的廢物，所以批評他人時得掌握好技巧。充滿幽默的批評方式就是一種成功的批評法，可以使人在輕鬆的氣氛中發現並改正自己的錯誤，這樣的批評才能發揮最大的效果。

一個成功的領導者批評屬下時，通常都能讓對方心悅誠服地接受，並且以後也很少會再犯類似的錯誤。

莫莉是卡內基的秘書，是一位漂亮又乖巧的女孩。在她眼中，卡內基是全世界最好的上司，她說自己從來不曾聽到卡內基用刻薄的語言批評下屬。

某一次離下班還有一刻鐘的時候，莫莉就急著想回家了，但她尚未整理完卡內基第二天的演講稿，於是匆匆地處理了那些講稿後就離去了。

第二天下午，卡內基演講結束後回到辦公室時，莫莉正坐在辦公室裡看著《紐約時報》，卡內基則面帶微笑地看著她。

莫莉問：「卡內基先生，您今天的演講一定很成功吧！」

「非常成功，而且掌聲如雷！」

「恭喜您！卡內基先生。」莫莉由衷地祝賀著。

卡內基接著面帶微笑地說：「莫莉，妳知道嗎？我今天本來是要去演講怎樣擺脫憂鬱的問題，可是當我打開講演稿讀出來的時候，全場都哄堂大笑了。」

「那一定是您講得太精采了！」

「是這樣的，我讀的是怎樣讓乳牛多產奶的一條新聞。」說著，他仍舊帶著微笑地拿出那張報紙遞到莫莉面前。

莫莉的臉頓時紅了一大半，羞愧地道歉：「是我昨天太大意了，都是我不好，讓您丟臉了吧？」

「當然沒有，這反倒給了我更多的發揮空間呢，我還得感謝妳！」卡內基依舊露出笑容輕鬆地說。

從那次以後，類似這樣的毛病就不曾再出現在莫莉身上，而莫莉也更加覺得卡內基是個和藹又寬容的好上司。

一個優秀的領導者應儘量避免批評他人的過失，要是萬不得已非得批評他人的時候，可以採用幽默的方式，例如先說個笑話拉近彼此的距離，然後再進行批評，讓被批評者在輕鬆愉快的氣氛中接受批評。如此既能讓對方了解自己的錯誤，也不會傷了對方的心，是相當高明的批評方式。

批評的目的是為了讓對方了解錯誤並進行改正，而不是對他人做人身攻擊，因此，成功的批評應該是在不損對方自尊心的情況下，使對方心甘情願且樂意地接受你的建議，如此才能真正發揮批評的作用。

善用同理心博取對方認同

若想要別人接受你的意見，就要先對他表示出同情與了解，並試著站在對方的立場上分析事情，如此對方就會比較容易接受你的想法。

理查．焦爾達諾曾經說過：「衡量一個好的領導人，標準是不管他做了什麼事，員工還是會追隨他。」

的確，一個好的領導人，並非完全不會犯錯，而是當他犯錯的時候，仍然有辦法越「錯」越勇，越「錯」越能得到下屬對他的擁戴。

想達到這種境界，訣竅就是運用同理心爭取部屬認同。

如何運用同理心是交際藝術中非常重要的一點，人類社會正是因爲人們互相勉勵和安慰，心靈上相互理解，才發展到現在這個水平。

像卡內基就常對他的親人和朋友們說：「好好養病，不用多久你就能健康地走出醫院！」或是：「努力做吧！憑著你的聰明才智，肯定會做出一番成就的。」還有：「只要你堅持下去，成功之路就會展現在你面前。」

卡內基的朋友們也常常在這樣的言語激勵下，獲得信心和勇氣。

另外，同理心對緩和狂暴的感情有很大的幫助。據調查，有百分之七十五的人都渴望得到別人的同情，所以領導者若是懂得同情部屬，便會受人喜歡。

眾所周知，每一任白宮的主人每天都要遇到很多棘手的問題，塔夫特總統也是如此，但是他憑著多年的經驗，總結出「同情」在和緩、撫平狂暴感情上有著巨大的價值，並且在他的《服務的道德》一書中，詳細說明了他如何應用「同情」來平息一位母親的怒火。

塔夫特在書中這樣寫道：「有位住在華盛頓的女士，憑藉著她丈夫在政治領域有一定的威信，不斷糾纏我長達六個多星期，並請我爲她兒子找個合適的工作。她甚至還請了許多參議員和衆議員幫她，並和他們一起來見我。但她要求的那項職位的擔任者需具備一定的技術條件，因此我根據局長的推薦任用了另一個人。不久後，我便接到這位母親的來信，她信中說我是世界上最差勁的人，因爲我令她非常不愉快。她還在信中說她將和某個州代表共同反對一項我正打算批准的法案，她說這是我應得的報應。」

「看了那封信後，我靜靜地坐下來，盡可能用禮貌的語氣寫了封回信給她。我說，碰到這種事，身爲一個母親肯定十分失望，但事實是任命誰並非由我個人來決定；我對她表示，我由衷希望她兒子能在目前的職位上有所成就。那封回信似乎化解了她的怒氣，之後她寫了封信給我，說她對之前的行爲感到十分抱歉。」

「但出乎我意料的是，我送出去的那項任命案並未獲得通過，而且又過了一段時間，我收到一封聲稱是她丈夫的來信，但據我看來，這封信的筆跡和之前的一模一樣。信上說，因爲他太太在這件事情上受到嚴重的打擊，導致神經衰弱，臥病於床，現已演變成胃癌，並問我能否把那個職位給他兒子。」

「這逼得我不得不再寫一封回信，當然，這次是寫給她丈夫的。我在信中說我很同情他們的遭遇，並希望他夫人的診斷結果不是眞的，但是要把已任命的人換掉是不可能的。那項任命案最終還是獲得了通過。這之後過沒多久，我在白宮舉行了一次音樂會，讓我意想不到的是，最先向我夫人和我致敬的，竟是這位丈夫和他差點『死去』的妻子。」

塔夫特總統的例子證明同理心的作用力有多大，又能如何改變一個人的看法。

事實上，面對這種情況，你要眞心誠意地說：「我能理解你有這種感覺。如果我是你的話，也會跟你有相同的想法。」

只要能充分表達這個想法，就能免去爭執，消除對方的負面情緒，並創造出良好的氣氛，即使是壞脾氣的老頑固，態度也會不自覺地軟化。

滿古是吐薩市一家電梯公司的業務代表，這家公司負責維修市裡最好的飯店的電梯。該飯店爲了效益，每次維修只准停兩個小時，但一般維修至少要花八個小時，而且在飯店停用電梯的這兩個小時內，他們公司又不一定能派得出工人。

於是，滿古派出公司內最好的技工，同時也打電話給這家飯店的經理。他沒有花時間和經理爭辯，只是說：「瑞克，我知道你的客人很多，也知道你不想影響飯店的效益，所以儘量減少停用電梯的時間，我們也會儘量配合你的要求。但你知道，當我們檢測出故障而又不能把它徹底修好的話，那麼電梯的情況會更糟的，到最後可能還要多耽誤一些時間，而我知道你絕對不會願意讓客人好幾天都無法使用電梯的。」

聽完這段話後，經理不得不讓電梯停開八個小時，畢竟這樣總比停用幾天要好多了。滿古站在飯店經理的立場，從客人的角度去分析電梯維修問題，自然很容易就獲得了經理的同意。

還有一個例子是，諾瑞絲是一位鋼琴教師，她的學生貝蒂總留著長長的指甲，問題是想要學好鋼琴，就不應留長指甲。於是諾瑞絲打算勸貝蒂剪去她的指甲。上鋼琴課之前，她們的談話內容根本沒有提到貝蒂指甲的問題，這是因爲那樣做可能會打消她學習的慾望，而且諾瑞絲也很清楚貝蒂非常以她的指甲爲榮，經常花很多功夫照顧它。

上了第一堂課之後，諾瑞絲覺得開口的時機已經到了，因而就對貝蒂說：「貝蒂，妳的指甲很漂亮呢！妳也想把鋼琴彈得這麼美嗎？那麼，要是妳能把指甲修得短一點的話，妳就會發現把鋼琴彈好是很容易的。妳仔細想想，好不好？」

貝蒂聽了之後，對她做了個鬼臉，意思是否定了她的提議。

然而，出乎諾瑞絲意料之外，當貝蒂下個星期去上鋼琴課時，貝蒂竟然把她心愛的指甲剪掉了。

諾瑞絲成功了，可是她並沒有強迫孩子那樣做，她只是暗示她：「我很同情妳，我知道妳一定很不忍心剪去妳的漂亮指甲，但妳若是想在音樂上得到收穫，恐怕就一定得這麼做。」

由此可見，身為領導者，若想要別人接受你的意見，就要先對他表示出同情與了解，並試著站在對方的立場上分析事情，如此對方就會比較容易接受你的想法，這正是「同理心」在人際關係和管理工作上最大的作用。

有適度的競爭才有進步

若是你把每天該做的事逐一記下來，並要求自己今天要打破昨天的記錄、明天要打破今天的記錄，這麼一來，就能不斷提高工作效率。

斯賓塞曾經說過：「一個優秀的管理者，通常懂得如何製造部屬之間的競爭來鞏固自己的領導地位。」

身爲一個管理者，必須懂得在領導部屬的過程中，讓部屬處於競爭狀態，因爲，競爭更能激發部屬的辦事效率與眞正能力。

「競爭」是一種最好的刺激，可以激發出人們無限的潛能，而且，工作時就如同參加比賽一樣，那就會感到快樂又有趣。因此，管理者若是懂得用「競爭」的方式去激勵、管理員工，多半能獲得不錯的成績。

衛斯丁．梅爾管理屬下時，就是採用這種方式。

有一次，梅爾對一個工人說：「米勒，爲什麼我叫你做一件工作得花那麼長的時間呢？你爲何不能像赫爾那麼快呢？」

然後他又對赫爾這麼說：「赫爾，你應該學學米勒的辦事效率，他處理每件工作的速度都很快。」

過沒幾天，赫爾剛出差回來時，就看到衛斯丁．梅爾在他桌上留了張紙條，上面寫著要他做一項零件，並要立即將那項零件送到鐵道開關及信號製造廠去。

這個字條是星期六寫的，而星期日早上赫爾就把這件事辦好了。

到了星期一早晨，當梅爾在工廠裡碰到赫爾時，便問他：「赫爾，你看見我寫的那張字條了嗎？」

「看見了。」

「那你大概什麼時候能完成呢？」

「已經鑄好了。」

「眞的嗎？現在它在哪裡呢？」

「已經送到製造廠去了。」

梅爾聽到赫爾的回答後非常驚訝，他沒想到用競爭的方法激勵工人能有這麼好的成效。而對於赫爾來說，他能得到上司梅爾的嘉許，自然感到非常快樂。

由以上的例子可知，用競爭的方式管理屬下，能提高屬下的工作效率、激發他們的工作能力。

其實，不只是管理屬下，若是領導者用競爭的方式管理自己，也同樣能激發自己的潛力。

例如，美國著名的小羅斯福總統，正是用這種方式管理自己。

小羅斯福總統是個全身充滿活力的人，總用競爭的方式使自己盡可能做更多的事，不過他並非等別人來替他安排競爭，而是不斷地與自己競賽。

小羅斯福總統會把要做的事都記載下來，然後擬定一個計劃表，規定自己要在某時間內做某事，如此便能按時做好各項工作。

確實，最好的競爭就是和自己競爭。

若是你把你每天該做的事都逐一記載下來，並要求自己今天要打破昨天的紀錄、明天要打破今天的紀錄，這麼一來，你不但能在時限內將每項工作辦好，還能不斷提高自己的工作效率。

你會發現自己不但能在較短的時間內將事情辦好，甚至還能有多餘的時間去尋找別的事做。長久下來，自會勝過那些沒有事先計劃的人，因爲那些人就好像蝸牛一樣慢慢地爬著，而你則會有多餘的時間改進自己。

適度競爭是最好的刺激劑，因爲有了想戰勝的對象或目標，自己就會不斷地鼓舞自己向上提升、努力邁進。相反的，若是缺發競爭心態，就容易這麼懶散度日、因循苟且下去。所以，領導者若是想獲得成功，就要懂得「競爭」管理方式的重要性，更要善加利用競爭心態。

進取心才能開創新局面

進取心除了能幫你提升自己的能力，工作上有所突破外，重要的是人們都願意追隨積極進取的人，因此進取心是培養領導能力的基礎。

成功的必要條件是要有領導才能，而不斷進取則是培養領導能力的基礎，這兩者就如同輪輻與車軸的關係一樣密切，如果你想成爲一個成功的領導人，那麼就得要有強烈的進取心。

進取心是種很寶貴的特質，能勉勵一個人做自己應該做的事，而不是被動地接受他人指派的任務。有進取心的人不但不會拖延手邊的工作，還會自動自發地尋找自己該做的事，所以通常全身都充滿活力，也永遠有激勵自己奮發向上的目標。

要想成爲有進取心的人，首先得克服做事拖拉的習慣，改掉那種把應該在昨天、上個月，甚至若干年前就該完成的事拖到以後才做的壞毛病，因爲這種習慣會腐蝕你意志中最關鍵的部分，如果你不割掉這顆毒瘤，就將一事無成。

其次，你要主動去找事做，最好每天找出一件對其他人有好處的事情去做，而且不要期望獲得報酬。這種不圖報酬而工作的心態，能幫助你不斷提升能力，進而受到上級的重視，他會認爲你是個積極上進的員工，非常值得重用。某位總裁的私人秘書就是個很好的例子。

某家大公司的總裁聘請了一個專門替他閱讀、分類及回覆絕大部分私人信件的年輕女孩當秘書。這名秘書的工作就是按照雇主的口述內容回覆信件，而她所獲得的報酬和其他做類似工作的人差不多。

有一天，這名總裁口述了一句格言，並要秘書列印下來，這句格言是：「注意，你唯一的限制就是你腦中爲自己設下的那個限制。」然而，出乎那名總裁意料之外的是，當那個女孩拿著列印好的紙交給他時，她對他說：「這句格言讓我有了一個新想法，我相信這個想法對你我都會非常有價值的。」

那名總裁當時並未太在意秘書所說的話，不過他漸漸察覺到，從那天起，那句格言對秘書產生了很大的影響，她開始在用完晚餐後回到辦公室做一些不是她分內的事，也沒有任何報酬的工作。另外，她每天都會花一點時間研究總裁回信的內容，慢慢地把總裁的風格理解得非常透徹，她每封信都回覆得和總裁自己回覆一樣好，有時甚至更好。

後來，那名總裁的私人男秘書因故不得不辭掉工作。當他在考慮找一個人來接替男秘書的職務時，立即想起了那位年輕上進的女秘書。

事實上，在他給予那位年輕女孩這個新職位之前，她已經接收了這個職位。這是因爲她在自己的工作之餘還不斷訓練自己，因而成爲所有屬下中最有資格接任新職位的人。此外，由於那個年輕女孩的辦事效率實在太好了，因而也深受其他公司主管們的青睞，他們都願意提供很好的職位和很優渥的薪水來聘用她，使得那名總裁不得不提高薪水留住這位能幹的秘書。

現在，這名年輕女孩的薪水已經比她來時高出四倍了，而她對公司的價值也今非昔比，她對上司的重要性更大大地提高。

是什麼東西使那個年輕女孩提升自己的水準呢？

這就是因爲她具有強烈的進取心。這種強烈的進取心使她的能力不斷提升，也使她的薪水一次次提高。更重要的是，由於她具備了強烈的進取心，使她所從事的一切工作都是在積極主動的情況下完成的，所以工作時不會有被逼迫的感覺，而是如同在玩一個極爲有趣的遊戲；由於她樂在工作，所以工作對她而言不是一種煎熬。

由那名年輕女秘書的例子可知，不管你現在從事哪種工作，想成爲優秀的領導者，就要在分內的工作外做一些對別人有意義的事，並且在你主動做這些額外的工作時，應當明白你最終的目的並非是要獲得金錢上的報酬，而是想提升自己的能力，展露自己強烈的進取心，讓自己更上一層樓。

進取心除了能幫你提升自己的能力、在工作上有所突破外，更重要的是人們都願意追隨積極進取的人，因此進取心可以說是培養領導能力的基礎，而優異的領導能力則是成功者必備的條件之一。

短視近利只會損失更大的利益

若能從長遠利益的角度來考量，就會發現眼前的一件小事都可能對未來的發展造成極大的影響。

在商場上，你的一點小損失，往後可能會爲你帶來更大的利益，可是相反的，若是斤斤計較於眼前的蠅頭小利，可能反而會喪失更大的商機。關於這個道理，身爲美國百貨業鉅子馬歇爾．菲爾德的體會十分深刻。

馬歇爾．菲爾德是個非常有名望的商業鉅子，屹立在芝加哥最繁華街區上的「菲爾德百貨公司」就是他非凡成就的象徵。

有一次，有位顧客在菲爾德百貨公司購買了一件價格昂貴的絲質上衣，但她一直未穿，且保存完好。兩年後，她把這件上衣送給了她的侄女，但是她的侄女因為同類的上衣頗多，於是把那件上衣退還給菲爾德公司，要求更換其他物品。由於服裝的更新速度很快，因而兩年前的上衣款式已經落伍，但菲爾德公司還是很樂意地拿它和其他商品交換。

菲爾德公司不僅收回了那件上衣，更重要的是非常樂意地收回了那件上衣。當然，菲爾德公司有理由拒絕換貨，不過事後證明，這種收回上衣的做法，反而比拒絕收回有更大的好處。

儘管這件上衣原價為六十美元，兩年後只能以極低的價錢出售，可是從顧客服務的角度考慮，菲爾德公司同意換貨不僅不會有任何損失，而且還會因此獲得難以估算的無形的好處。因為把這件上衣退換回去的那位婦女，心中明白她並沒有正當理由要求退換上衣，因此當菲爾德百貨公司實際上讓她免費獲得商品後，必然能爭取到包括這位婦女在內的一批顧客。

此外，這位婦女會像個傳播媒體一樣，把她在菲爾德公司獲得的這種特殊待遇向周圍人宣傳，公司的知名度會大幅提高。那位婦女就相當於免費的宣傳員，能使菲爾德公司獲得最佳的廣告效果。

愛默生說過：「因和果、手段與目的、種子與果實，都是不能分割的。因為『果』早就醞在『因』中。」

所以，我們若單只看眼前的結果，可能就會忽略結果背後的深層因素，因而造成之後的失敗；相反的，我們若能從長遠利益的角度來考量事情，就會發現眼前的一件小事都可能對未來的發展造成極大的影響。眼前吃的一點小虧可能反而會在未來的日子裡，爲自己帶來更大的利益。

汲汲營營於眼前小利的人是很難有大成就的，因爲他們的眼界太窄，只看得到現在，看不到未來的發展。

相反的，能從長遠角度看待、處理事情的人，因爲了解每件事情背後蘊藏的商機，所以不會仔細算計眼前的每一分錢，而懂得「現在吃小虧，將來佔大便宜」的道理，因而這些人往往才是最後的成功者。

先釜底抽薪，再趁火打劫

找到與對方利益緊密相連的另一方，使出釜底抽薪的手段，設法造成威脅對方的態勢，使談判產生轉機，然後再趁火打劫，使對方屈服於自己提出的條件。

一九六一年之前，美國億萬富翁哈默的石油公司規模還很小。

一九六一年時，哈默石油公司在奧克西鑽通了加利福尼亞州第二大油田，價值估計至少二億美元。幾個月後，公司又在布倫特任德鑽出一個蘊藏量非常豐富的油田，價值可望達到五億美元。

爲了將產品打入市場，哈默想要與太平洋煤氣與電力公司簽訂爲期二十年的天然氣出售合約。

哈默爲了與這家公司進行商業談判，做了許多準備，不料到了眞正交涉的時候，卻碰了一鼻子灰。

因爲，太平洋煤氣與電力公司已經有了充足的油源，也有了穩定的用戶，所以他們的總裁高傲地對哈默說：「對不起，我們已經有了油源，品質也很好。」

哈默受挫，想在價格上和服務品質方面讓步，以便使談判出現轉機。然而，對方很沒有耐心，不願改變計劃，幾句話就把哈默打發了。

哈默被潑了冷水，還是忍受了下來，努力思考幾種制伏太平洋公司的辦法，最後決定採取「釜底抽薪」的手段。

哈默搭乘飛機前往太平洋煤氣與電力公司最大的買主——洛杉磯市天然氣承辦單位。只要動搖了這位客戶，太平洋公司必定要改變計劃。

他前往洛杉磯市議會，向議員們大吹法螺，描述自己的公司開出了兩口上等品質的油井，爲了推動洛杉磯市的經濟發展和服務廣大市民，他準備從恩羅普修建造天然氣管道直達洛杉磯市，並且用比太平洋公司及其他任何競爭者更便宜的價格，供應天然氣。

對這番信口開河的話，議員們聽得十分心動，於是準備按照哈默的計劃，放棄太平洋煤氣與電力公司的天然氣。

太平洋公司知道這個消息後，面對可能破產的絕境，感到驚慌萬分，趕緊來找哈默，表示願意合作。

臉厚心黑的哈默在同意合作之餘，還趁火打劫，提出了一系列有利於己的條件。處於被動地位的太平洋煤氣與電力公司，根本就不敢提出任何異議，馬上乖乖地與哈默簽署合約。

談判不能繼續下去時，應該思考阻礙談判的主要原因，然後找到與對方利益緊密相連的另一方，使出釜底抽薪的手段，設法造成威脅對方的態勢，使談判產生轉機，然後再趁火打劫，使對方屈服於自己提出的條件。

用別人的錢替自己造勢宣傳

談判成功是多種技巧的結合，要別人接受自己的觀點之前，首先應讓對方肯定某種觀點，然後再用自己的觀點取而代之。

不管是人際交往，或是商業談判，最艱巨、最複雜、最富技巧性的工作，就是說服。

說服力量，綜合了各種因素：聽、問、答、敘等各種技巧，綜合運用後改變對方的初始想法，讓他轉而接受自己的見解。

擅於說服的人能使敵對雙方化干戈為玉帛，而拙於說服的人，可能由於出言不遜，而使矛盾更加惡化。

日本的經營之神松下幸之助在企業界起步時，就曾以誠懇和說服取得企業家崗田的配合幫助，使樂聲牌方型電池車燈先聲奪人、一炮而紅。

當時，松下決定採用主動出擊策略，爲市場免費提供一萬個方型車燈。但是由於財力不足，松下便厚著臉皮，希望生產乾電池的企業老闆崗田，能免費提供他一萬個乾電池，配合他實施這項計劃。

「一萬個乾電池價值不菲，要別人跟著自己去冒險，能做得到嗎？」松下不斷思索著如何說服崗田。

後來，松下想妥了一個違反常規的說服方法，便帶著樣品來到東京的崗田家拜訪。他先讓崗田看樣品，然後介紹自己推銷這個產品的策略。

在崗田頻頻點頭讚許之時，松下說：「爲了配合這種新型車燈的推廣，希望您能提供一萬個乾電池。」

崗田此時還不知道松下要他免費提供，便爽快答應了。

松下繼續說：「崗田先生，這一萬個電池，能否免費提供給我？」

崗田一聽此話，立即呆住，怔怔地望著松下，手中酒盅停在空中，像是凍住了一般，空氣似乎也凝結了。

一旁的崗田夫人此時插嘴說道：「松下先生，我們實在不明白你的意思，能不能請你再說一遍？」

「為了宣傳造勢，我打算把一萬個方型車燈免費贈送，也請您免費提供一萬個電池，一道贈送。」松下不慌不忙地說。

老闆娘一副緊張的表情：「什麼？要一萬個？而且還是免費的？」

這也怪不得她，松下的免費計劃也實在過於離譜。

崗田微突著小腹，緩過氣來驚疑而生氣地說：「松下先生，你不覺得這種厚臉皮的要求有點胡鬧嗎？」

松下處變不驚，鎮定地說：「崗田先生，也難怪您驚訝。但是，我對自己的做法非常有自信，無論如何，我決心要這麼做。但我不會無緣無故白白拿您的一萬個乾電池，我們不妨先談談條件。現在是四月，我有把握一年內賣掉二十萬個乾電池，請您先送一萬個給我。倘若您願意照我們的約定，我就把這免費的一萬個乾電池，裝在方型車燈裡當樣品，寄到各地。」

崗田疑惑地看著松下，問道：「你的想法倒是很偉大，但是，倘若賣不掉二十萬個，你又該怎麼辦？」

「若是賣不出去，您照規矩收錢，這一萬個電池算是我自己的損失。」松下爽直地回答，沒有一點含糊。

崗田夫婦雖然不再言語，氣氛似乎融洽許多，但崗田的態度還沒有轉變。於是，松下進一步解釋：「我今年三十歲，已屆而立之年，正是努力事業的時候，無論如何，都會拼命工作。我二十三歲獨立創業，到現在已初具規模，這些年來，一直不敢有所鬆懈，我日夜都在想，怎麼做才能做得最好。我到這裡來請您幫忙，就是出於這個目的，請您相信我。」

松下這番話說得很認眞，很誠懇，也很得體，崗田先生覺得他年輕有爲，氣宇不凡，於是展露笑容說：「我做買賣十五年，還不曾遇到過像你這樣的交涉方法。好吧，如果你能在一年內賣出二十萬個，這一萬個就免費送給你，好好做吧。」

由於方型燈十分暢銷，崗田的電池也成了暢銷產品，不到一年就銷出了二十萬個，而這二十萬個電池的銷售利潤，遠遠超過贈送一萬隻電池。

崗田自從生產電池以來，從來沒有遇到過這樣的好景氣，對松下眞是感激不盡。

松下的談判成功是多種技巧的結合，其中最主要的是採取一種超乎常規的說服辦法，變通技巧——要別人接受自己的觀點之前，首先應讓對方肯定某種觀點，然後再用自己的觀點取而代之。

他常常把自己的思想深入別人心裡，引起共鳴，掌握對方心理，步步逼進，使其同意。他沒有半句強迫的言詞，但是，循循善誘之餘，總是讓人心悅誠服。

當然，最關鍵性的一件事是：松下必須有能力和信譽保證兌現諾言，否則就算臉皮再厚，說得再天花亂墜，也無濟於事。

07

身先士卒，將奮鬥精神傳給下屬

面臨困境時，領導者若能
身先士卒地面對難關，
堅定沈著的精神就會傳達給下屬，
使全體員工都能勇敢面對挑戰，
進而為企業創造佳績。

建立恰當關係，才能順利管理

領導者要想順利管理下屬，首先得與下屬建立恰當的關係。唯有待人親切、處事公正的上司，才能贏得下屬的信賴與愛戴。

上下級之間是一種相互依賴又相互制約的微妙關係，若處於良好的狀態，雙方的需要就能得到滿足。

一般說來，領導者會要求下屬對工作盡職盡責、勤奮努力，圓滿地完成自己指派的任務。下屬則希望上司對自己多加重用，在成就上給予認可，在待遇上合理分配，在生活上給予多方面關懷。

對下屬傷害最大的，往往是當自己工作取得成績時，受到表揚的是上司，但是當上司的工作發生失誤時，挨罵受罰的卻是自己，這種不合理、不公平的現象會造成下屬心中嚴重不平衡。

因此，領導者要善於發現和研究哪些是下屬關注的重要事項，並抓住這些中心問題，盡可能滿足下屬最迫切的需要，從而激發他們的工作積極性。

領導者要想樹立自己的權威，必須在處理下屬關係時一視同仁、同等對待，而且不分彼此、不分親疏。

不能因外界或個人情緒的影響，表現得時冷時熱。假如不能一視同仁，處理問題時有親疏之別，那麼下屬必會心生不滿與質疑，往後執行命令多半不會盡心盡力，而且領導者在下屬心中的形象與權威必會大打折扣。

也有些領導者的本意並不想厚此薄彼，但在實際工作中，難免會多接觸與自己愛好相似、脾氣相投的下屬，無形中冷落了另一些人。

針對這種情況，領導者要懂得適當調整自己的情緒，多和自己性格、愛好不同的下屬交往，尤其對那些曾經反對過自己計劃的下屬，更要經常交流感情，以防止彼此間產生不必要的誤會和隔閡。

還有些領導者對工作能力強的下屬態度比較親密，但對工作能力較弱或話不投機的下屬則敷衍以對甚至冷眼相看。

這也是錯誤的人際關係處理方式，領導者這種態度，容易使下屬形成小團體，使他們彼此之間互有心結與不滿，因而無法團結合作地爲公司服務，長久下來，必定造成不良影響。

另外要注意的是，有些領導者把與下屬建立親密無間的關係，誤解爲處處遷就和照顧下屬，因而對下屬一些不合理甚至無理的要求，也寬容對待。

這樣做也許能拉進彼此之間的距離，但是不利於領導者樹立自己的權威，久而久之，下屬將不再遵循領導者的指令。

此外，領導者在人際交往中，要廉潔、奉公、守法。無功受祿往往容易上當，掉進別人設下的圈套裡，從而受制於人。

「吃人嘴軟，拿人手短」，如果憑空接受他人餽贈的禮品，可能引起下屬的輕視心態，讓他覺得這名主管是個容易討好與掌控的無能領導者。

雖說餽贈禮品是一種加強人際聯繫的方式，但是從許多現實案例來看，它往往也誘使領導者誤入歧途。

有些餽贈的背後往往隱藏著更大的圖利動機，特別是在有利害關係的上下屬交往中，更不能隨便接受下屬的禮物，以免被人抓住把柄、牽著鼻子走。試想，一個被輕易牽著鼻子走的領導者，又怎能管理下屬呢？

領導者要想順利管理下屬，首先得與下屬建立適當、合理的關係，既要讓他們感受到上司給予的溫暖與關懷，又不能過於遷就他們提出的要求。同時，要平等對待每一位下屬，不可有親疏之分。

唯有待人親切、處事公正的上司，才能贏得下屬的信賴與愛戴。

個人魅力是領導者的無形資產

個人魅力是管理者重要的無形資產，唯有魅力十足、形象良好的領導者，才能吸引優秀人才，並獲得客戶的青睞。

管理者與企業是一體的，企業的前途通常也是管理者的前途。

在經營企業時，東方管理者多少都會講一點緣分，相信做生意要講究「人和」，只要「人和」了，生意也會很順利，不會出現什麼問題，雙方的合作將十分愉快。

因此，做生意先看人也是東方人奉行的秘訣之一，企業管理者的個人魅力也因此顯得相當重要。一位被信賴的管理者，自然會受到客戶青睞，所以即使其他資源有些欠缺，仍會有許多成功機會，這是市場常見的現象。

有些中小企業對優秀人才缺乏吸引力，要克服這個難題的有效方法之一，就是管理者培養並運用自己的人格魅力。一般情況下，眞正優秀的人才在選擇企業時，除了考慮實際所得的薪資，還有兩個重要的考量因素，就是該企業是否能讓自己充分發揮能力，和該企業的領導者是否值得信賴。

事實上，這兩個因素歸根究柢，都與經營者的個人素質有關。

能否讓優秀員工依賴，願意相信這名管理者有遠大的抱負，取決於管理者的個人修養和素質，也就是個人魅力。能否提供條件讓優秀員工有施展才華的舞台，也是由管理者的眼光決定。

一位前途光明的管理者會合理運用個人魅力，使優秀人才願意將自己的未來賭在這樣的老闆身上，相信搭上這班車，就能直達成功的終點站。

如果領導者具有魅力，必然會給人親切和有能力的感覺，也容易被認爲具有優良的品行，衆人很容易支持他的意見，對他提出的看法和計劃也有較高的評價，在說服或交涉之際更佔據了有利地位。

既然個人魅力是管理者重要的無形資產，是成功領導者必備的素質，那麼，要如何塑造出領導者的個人魅力呢？

總體而言，要從服飾、舉止、語言這三方面著手。

若管理者想重新塑造自己的形象，就必須給人一種從內到外都煥然一新的印象和感覺。形象的塑造必須是全面的，不僅僅是外在服飾，還必須具備有涵養的舉止和合於場合的談吐。

行爲是無聲的語言，大多數員工與領導者直接交談的機會不多，他們往往在遠處觀察領導者的一舉一動，或透過其他小事情判斷領導者能力與品行的好壞。

「人要衣裝，佛要金裝」，同一個人會因不同服裝的關係，給別人差異極大的不同感受。所以，領導者若想塑造良好形象，適當的衣著必是不可或缺的條件。身爲領導者應當率先穿著整潔嚴肅，帶動員工形成高效率的工作氣氛。

領導者的個人舉止也是他能否獲得成功的重要因素。許多人說，形象設計大師艾爾斯是幫助布希在一九八八年美國總統大選中轉劣勢爲優勢的人。他指導布希在接受電視訪問時，採取「輕鬆、自然、隨和、不拘謹」的方式。

由於艾爾斯正確的指導，使美國人民對布希留下良好的印象。由此更可看出，一個人的言行舉止會對他的外在形象產生多大影響。

就如中國唐朝任用官吏的原則，考試合格後還必須具備身、言、書、判四個條件才能在朝任官。身是指身體條件，言指談吐，書指文筆，判指判斷力，由此可見言行舉止的重要性。

「言為心聲」，語言直接表達出內心的意圖，談吐能夠反應出領導者的個人素養，因而在分派工作時，領導者運用的語言要力求平易通俗，不要故意賣弄文采。冗長的句子應該儘量用短語代替，以避免使聽者抓不到重點。若在語言上過於別出心裁，容易給人華而不實、驕傲自大的負面感受。

想培養領袖魅力、塑造個人形象，得從多方面著手，雖然要達到這個目的，得花費一番功夫，但對領導者而言是絕對值得的付出，因為唯有魅力十足、形象良好的領導者，才能吸引優秀人才，並獲得客戶青睞。

身先士卒，將奮鬥精神傳給下屬

面臨困境時，領導者若能身先士卒地面對難關，堅定沈著的精神就會傳達給下屬，使全體員工都能勇敢面對挑戰，進而為企業創造佳績。

身先士卒的領導者，永遠會贏得員工的尊敬與愛戴。

在第二次大戰前，有些政客和軍人不斷要求民衆團結合作、吃苦耐勞，但他們自己卻過著夜夜笙歌的奢靡日子。人民看到這種現象，自然會對這些政客和軍人產生不信任感，他們因此失去了民衆的支持。

現代企業中也常見到相同情況。領導者爲了突破困境，要求員工同心協力渡過難關，但身居要職的主管卻依然浪費無度。有些人雖然會對這種過於浪費的行爲感到不好意思，但卻沒有做出太大改變，依然濫用私權滿足個人私欲，隱瞞實情和不公平的事隨處可見，人事升遷甚至爲賄賂左右。

事實上，像這樣貪贓枉法的事，在一般員工眼裡看得十分清楚。而且上級只要稍有欺瞞的行爲並被下屬看穿，下屬就會開始產生不信任感，最終甚至導致整間公司分崩離析。再加上現代人大多不喜歡被管理，而且把領導者視爲既得利益者的代表。如果領導者的行爲造成下屬員工的疑慮，遲早會引起部屬的反感並遭到背叛。因此，身爲領導者，必須行爲端正才能讓員工信服。

不過，一名領導者光只做到不貪贓枉法還遠遠不夠，更重要的是在企業面臨困境時能夠身先士卒。

人的本性會在危急時刻所採取的行動中表露無遺。平常說話大聲、表現豪爽的人，一旦面臨危急存亡的緊要關頭，說不定狼狽不堪，平常刻意掩飾的缺點也全部暴露出來。部下若是發現自己的領導者在緊要關頭卻不知所措，一定會非常失望，以致往後再也不理會他發出的指令。

公司員工期待的領導者，是在非常時期能夠表現得與衆不同，而且果斷做出決定、迅速採取行動的人。只有這樣的領導者，才能使下屬心悅誠服地追隨，才能強而有力地指揮下屬。

動物學家曾經在動物園做過一項實驗，讓飼育動物的員工利用獅子皮僞裝成獅子，進攻黑猩猩群。黑猩猩群剛開始會覺得害怕而哀號，不久，黑猩猩的首領就拾起身邊的樹枝，做出勇敢向獅子挑戰的模樣。其實，牠也很怕獅子，但卻沒有逃跑，反而勇敢地率先向獅子挑戰。如果黑猩猩首領在這個時候臨陣脫逃，一定會被同伴鄙視，此後再也不能當首領了。

企業中的領導者也是如此。在競爭愈來愈激烈的今天，企業隨時隨地會面臨各種困難與挑戰。如果不加緊腳步，就很難在這困厄的環境中取得一席之地。面臨困境時，領導者若能夠身先士卒地面對難關，堅定沉著的精神就會傳達給下屬，使全體員工都能勇敢地迎向挑戰，進而爲企業創造佳績。

領袖氣質得靠後天努力

不論是先成功才得到領袖氣質的領導者，或是靠領袖氣質贏得成功的領導者，他們都是花了一番心血之後，才獲得領袖氣質。

「領袖氣質」（charisma）這個名詞源自希臘文，原意是美麗的禮物，意思是指上天給人的某些東西，可以引申爲與生俱來的稟賦。

但拿破崙不同意這種說法，他說：「我的權力靠我的威望，我的威望全靠我打勝仗。假若我不再打勝仗、不再有威望，權力就會消失。征服造成今天的我，也只有征服才能保持現在的我。」

拿破崙說這段話的意思是說，別人都認爲他天生具有「領袖氣質」，但實際上他是靠努力才得到成功，而且爲了保持這種「領袖氣質」，就得不斷成功。

根據南加州大學兩位研究員班斯和藍納斯的研究發現，成功的領導者常被人認定具有領袖氣質，可是，假若要等到成功以後，才會是位有領袖氣質的領導者，那這所謂的領袖氣質到底是什麼？是不是確實能幫助人獲得成功？還有，是否能在成功以前採取某些行動，讓自己預先具有領袖氣質？

事實上，確實有些辦法能助人在取得成功前，就擁有領袖氣質。

華盛頓有一所國防大學，能進入學校接受培訓的學員，全都是經由聯邦政府挑選出軍中及民間的高級人才，本身已有相當的地位和聲望。

在每位學員進入國防大學受訓以前，校方會發一份領導才能評估表給這位學員的屬下、上司及同事，以對學員進行評估。填表人不用具名。

這份詳細的評估表分成二十一部分，共一百二十五個問題，內容包括對這位學員的領導才能、對團體的貢獻和性格等等評估。

由於這些入選國防大學受訓的學員，全都是已有成就的領導人物，所以領導才能的評估結果多半都很好。

有一年，校方對一百一十五位學員回收的九百九十五份調查問卷進行統計，結果發現平均分數都超過四分（滿分是五分）。換句話說，這些學員在每個單項都能得到四分以上，領導才能已超過一般水準。

另外，在那期一百一十五位學員當中，「領袖氣質」這一項平均分數是四．三二，這種分數眞是出奇得高。甚至有一位學員更是出類拔萃，在領袖氣質這一項，所有的屬下都給他五分滿分！

有人費了很大心力想找出那名學員擁有領袖魅力的秘密，卻發現他外表看似和一般人沒什麼兩樣。假若事先不知道他在領袖氣質上得到如此高分，還眞看不出他有什麼特別的地方。

那名學員究竟有什麼秘訣呢？

他認爲自己能夠成功，大部分是靠別人認爲他具有領袖氣質。換句話說，並不是先成功後，別人才認爲他有領袖氣質，是領袖氣質協助他獲得成功。不過，他也同意，在獲得成功以後，別人更容易認爲他具有領袖氣質。

根據屬下的說法，他之所以成功，部分原因在於他具有領袖氣質，但更重要的是，這種領袖氣質並不完全出於天賦，是經過後天刻意培養。所以，每當他調換至一個新部門，又會積極培養另一種適合新環境的不同領袖氣質。

爲了培養領袖氣質，他共採取七種不同的方式：顯示自己的專注力、選用適當的衣著、理想遠大、對準目標並勇往直前、利用閒暇時間鍛鍊能力、建立神秘形象、使用迂迴的表達方式。

上述這些方式幫助他培養出領袖氣質，當然也值得一般人參考。

總而言之，領袖氣質絕非與生俱來的，不論是先成功才得到領袖氣質的領導者，或是靠領袖氣質贏得成功的領導者，他們都是花費一番心血之後，才獲得成果。換句話說，領袖氣質是能刻意培養的，只要確立目標、付出努力，就能擁有令人折服的領袖氣質，使下屬心悅誠服地遵循指示。

對正直的下屬多加愛護

企業領導者若希望員工拚命工作，即便自己不在場時，下屬也能努力奮鬥、表現優秀，就要善待那些為人正直的下屬，並且遠離小人。

「使遠之而觀其忠」是古代領導者識人用人的好方法。在現實生活中，確實也有「使遠之而觀其忠」的必要。

因爲在一些人看來，在遠離總部的地方工作，可以隨心所欲，想做什麼就做什麼，甚至目中無法，便於假公濟私、侵佔公款。

在遠離總公司的地方工作，因爲上級難管到，這些人也難以忠於公司。這種下屬總是在領導者面前拚命表現，但背地裡根本不工作，領導者在場時總是規規矩矩，上級不在場就爲所欲爲。

當然，在現實生活中，也有許多職員是不論領導者在場或不在場都一樣努力工作，尤其是領導者不在時，表現更加出色。

那麼，為什麼在遠離總部的地方工作時，有些人就表現得很出色，有些人就只會混水摸魚呢？

造成差別的關鍵就在於這名下屬是否忠誠。

《北史古弼傳》記載，魏太武帝拓跋燾到西河地區打獵時，下詔給尚書令古弼，命他選些肥壯的馬匹給騎士，但古弼卻送來弱馬。拓跋燾見狀，大怒說：「尖頭奴敢裁量朕也！朕還台，先斬此奴！」

因為古弼的頭尖，拓跋燾常叫他「筆頭」，時人也稱他「筆公」。大部份下屬知道皇帝發怒，都害怕被殺，但古弼依然泰然處之。

古弼的下屬安違法對皇帝說：「吾謂事君使田獵不適盤遊，其罪小也。不備不虞，使戎寇恣逸，其罪大也。今北狄孔熾，南虜未滅，狡焉之志，窺伺邊境，是吾憂也。選備肥馬務軍實，為不虞之遠慮。苟使國家有利，吾寧避死乎？明主可以理幹，此自吾罪。」

上述這段話的意思說，臣子使君主遊玩時不舒暢，只是小罪。況且，當前北有柔然、南有劉寧正伺機而動，因而好馬要留下以抗敵，這是爲國家著想，所以忠心的臣子寧死也要這樣做。

拓跋燾聽後，明瞭古弼忠心爲國，立即對他怒意全消，讚歎說：「有臣如此，國之寶也。」並賜衣一套、馬二匹、鹿十頭。

之後，拓跋燾又到山北打獵，捕獲麋鹿數十頭，下詔要古弼派五十輛牛車來運送這些獵物。詔書剛發出，他就對侍臣說：「筆公必不與我，汝輩不如馬運之速。」於是侍臣便用馬運回。

行了百餘里後，拓跋燾果然接到古弼上表說：「今秋谷懸黄，麻菽布野、豬鹿竊食，鳥雁侵費，風波所耗，朝夕參倍，乞賜矜緩，使得收載。」

拓跋燾對左右說：「筆公果如朕僕，可謂社稷之臣。」

古弼被稱爲「筆公」，不僅是因爲他的頭尖，主要因他爲人忠直如「筆」，一貫以國事民生爲重。

曾有人上書說，魏太武帝拓跋燾的花園所佔土地面積太廣了，但廣大貧農卻無地耕種，所以應該裁減園地大半，分給無地可耕的貧農。

古弼知道這件事後，向皇帝呈報，但適逢拓跋燾跟劉樹下棋，無心聽他說話，古弼在一旁坐久了，心中十分憤怒，便上前揪住劉樹的頭髮，拖他下來，摑他耳光，並大罵：「朝廷不理，實爾之罪！」

拓跋燾一見大驚，忙放下棋子說：「不聽奏事，過在朕，樹何罪？置之！」

於是，古弼便繼續上奏。

聽完這件事後，拓跋燾推崇古弼爲人正直，不僅不怪罪他，還准其所奏，將園地分給無地耕種的貧農。

之後，古弼免冠赤腳，向司法部門自劾他不敬君之罪，但是拓跋燾叫他穿戴好，並說：「卿有何罪？自今以後，苟利社稷，益國便人者，雖復顛沛造次，卿則爲之，無所顧也。」

北魏太武帝拓跋燾是北朝著名的君主，他在位時勵精圖治，使北魏國力進入鼎盛時期，接著又開疆闢土，先後打敗大夏、北燕、北涼，結束了五胡十六國。他能有如此突出優秀的表現，如古弼般爲官正直、忠君愛民的臣子功不可沒，由於有這些人的輔佐，北魏才能邁向盛世。

但是，相對而言，也是因爲拓跋燾能廣納建言，並善待敢於上諫的臣子，才使他們樂於爲國效忠。

同樣的道理，企業領導者若希望員工拚命工作，即便自己不在場時，下屬也能努力奮鬥、表現優秀，就要如同北魏太武帝拓跋燾一般，善待那些爲人正直的下屬，並且遠離小人。

唯有如此，下屬才會樂於貢獻心力與才智，促使公司業績蒸蒸日上。

拉開距離，增加領導者魅力

領導者可以以親切和藹的形象出現，讓下屬比較自在地反應各種意見，也便於彼此交流感情，但絕不能允許下屬缺乏上下級觀念。

兩性關係書籍常說，戀人之間必須保持一點距離，才能使彼此魅力永恆，「小別勝新婚」就是這個道理。

距離會產生魅力、維持魅力，這一點在領導藝術中也可得證，特別是領導者在與下屬相處時，更應記住使彼此間保持一定的距離。

當然，若與下屬的距離太遠，讓人「敬而遠之，望而生畏」，也不是恰當的做法。但若是與下屬的關係過於親密，彼此就像知心朋友般坦誠相對，也會妨礙領導者樹立自己的權威感。

有些領導者強調「與部屬打成一片」，但是，眞的與下屬距離越近越好嗎？

其實，基於「群衆」所具有的一些特點與固有習性，領導者應該適當拉開自己與下屬之間的距離。

首先，人都有「得寸進尺」的壞習慣。

領導者若是與下屬太過於親近，久而久之，下屬便會由最初誇讚這位領導者沒有架子、平易近人，進而開始稱兄道弟，不分上下、不知輕重，甚至看重自己的意願勝於領導者的指示。結果，在往後分配工作的過程中，下屬總會討價還價一番，讓領導者十分爲難。

其次，人都有「欺負熟人」的心理。

對陌生人或接觸有限的人，因爲摸不清對方底細，便不敢輕舉妄動。但是，倘若彼此之間沒有距離，大家平日相當熟絡，對對方的生活習性、特長愛好均瞭若指掌，態度就會隨便。

因此，上司若與下屬太熟稔，下屬就會知道上司的弱點並採取相應對策，結果上司的每一步、每一項舉措，都在下屬的掌握中。如此，還能稱作是領導者嗎？

對大多數人來說，「威嚴」是製造出來的。畢竟，人與人之間能有多大的差別呢？為什麼一個人必須聽從另一人的指揮呢？就是因為某人有一個頭銜，這頭銜便是對距離的丈量。

人的威嚴從哪裡來？是靠天生的帝王之相？還是靠自身的人格、氣魄、氣質？其實，從厚黑學的角度來說，威嚴大半是用距離製造出來的。彼此走得太近，就容易看得太清，然後被看輕。

所謂距離，大抵有兩種。

一種是心理距離，即在內心保持距離意識。想成為卓越的領導者必須謹記，不論是密切聯繫也好，與群眾打成一片也好，都只是為了更有效地開展管理與領導工作，為了鞏固自己的地位與權威，不是眞的與下屬毫無距離，進而喪失自己的權威，這就背離了最初的目的。

另一種為實際接觸距離，是由接觸距離的遠近、頻率來表現。領導者若與下屬距離太近、接觸太頻繁，都不太適當。在與下屬的相處中，絕不能讓他們覺得與領導者交往可以無所顧忌。

領導者可以以親切和藹的形象出現，這樣下屬能夠比較自在地反應各種意見，也便於彼此交流感情。但是，必須注意，領導者絕不能允許下屬缺乏上下級觀念，也不能允許他們太過放肆。

得讓下屬清楚，領導者永遠是領導者，無論他多麼和藹可親、多麼平易近人，都只是爲了更方便地開展各種工作、實施各項措施。領導藝術的高明與巧妙，只是從另一方面證明了他是一位領導者的事實。

若能讓下屬明瞭這一點，就會既利於自己推行計劃，也在不知不覺中樹立領導者深入群衆、深得人心的良好形象。

用幽默談吐為生活添加色彩

幽默能在領導者的談吐中加點佐料，讓枯燥的語言中有了色彩與起伏，讓平凡的日子裡有了歡笑與喝采。

幽默的談吐往往惹得人們捧腹大笑，而且談吐的風趣也是一種美感。生活中的幽默既可以隨意發揮，也可以刻意設計，不論是何種幽默，都是調劑生活的好辦法。善於運用幽默的領導人，都是對生活充滿熱愛的人。

一般常見的幽默運用方式有以下幾種：

- **對話式幽默**

這種幽默方式能將對話雙方的智慧激發出來，彼此一唱一合，相映成趣。

鬢髮斑白的美國影壇老將雷利拄著枴杖步履蹣跚地走上台，很艱難地在台上就座。看到這樣一個老人，讓人很自然地爲他的身體擔心，所以主持人開口問：「你經常去看醫生嗎？」

雷利答：「是的，常去看。」

主持人問：「爲什麼呢？」

雷利答：「因爲病人必須常去看醫生，這樣醫生才能活得下去。」

此時台下爆出熱烈的掌聲，人們爲老人樂觀的精神和機智的言語喝采。

主持人接著問：「你常去藥局買藥嗎？」

雷利答：「是的，常去。這是因爲藥店老闆得活下去。」

台下又是一陣掌聲。

主持人又問：「你常吃藥嗎？」

雷利再妙答：「不，我常把藥扔掉，因爲我也要活下去。」

台下觀衆哄堂大笑。

主持人轉而問另一個問題：「夫人最近好嗎？」

「啊，還是那一個，沒換。」台下大笑。

在這樣熱烈活潑的氣氛中，觀衆必然不會疲倦，台上主持人與影星極其詼諧的表演更委實令人傾倒。

●隨機幽默

這種幽默是根據看到的事物隨意聯想而成，讓人忍俊不禁、會心一笑。

例如，在一次語言學課堂上，有幾個女同學不斷嗑瓜子，「嗑嗑」的聲音令人心煩。可是許多認眞聽課的同學又不好意思制止，只好望著正在講授的代課老師。

突然，老師停止授課，並掃視一下教室。大家鴉雀無聲，等著老師大動肝火地批評那幾個嘴饞的女孩子。

可是，沉寂片刻後，老師卻微笑著問：「請問你們班一九七二年出生的同學有多少人？」

同學們均莫名其妙，衆人呆了一會兒，才不知是誰說了一句：「有二十多人。」

接著老師又問：「一九七二年出生是屬什麼的呢？」

另一名同學回答：「鸓鼠。」

「哦！是鼠啊！怪不得嗑瓜子的聲音這麼響。」

話一出口，台下笑聲四起，至於那些嗑瓜子的同學不得不知趣地放棄手中美食，心悅誠服地聽老師講課。

●交際幽默

這種幽默完全是爲了交際需要而刻意設計的，除了引人發笑之外，它還有深刻的涵義。這些眞正幽默的領導者從不輕易傷害別人，只會使別人和自己的生活中時時刻刻充滿風趣和快樂，他們是令人快樂的成功交際家。

話說有一位年輕人最近當上了董事長。上任第一天，他召集公司職員開會，在會中自我介紹說：「我是陳剛，是你們的董事長。」然後打趣道：「我生來就是個領導人物，因爲我是公司前董事長的兒子。」

結果，參加會議的人都笑了。

他用幽默的口吻和「反諷」的修辭手法，證明他能以公正的態度看待自己的地位，並對此有著充滿人情味的理解。

實際上，他正是採取這種反諷方式來委婉表示：「我會讓你們改變對我的看法，讓衆人知道我是靠自己的努力登上董事長之位。」

幽默能在領導者的談吐中加點佐料，讓枯燥的語言中有色彩與起伏，讓平凡的日子裡有歡笑與喝采。不論是採用以上何種幽默方式，只要能在言談中加上一些幽默元素，就能讓自己與周遭人的生活更快樂，同時能調和自己與部屬的關係。

把握尺度，善用幽默元素

運用幽默元素時，千萬注意不要拿對方的「痛處」開玩笑，這樣的幽默會讓對方覺得說話者心存惡意或別有用心，因而產生無謂的紛爭。

在談判中運用幽默營造氣氛時，應特別注意莫越雷池一步，莫使高雅的幽默淪為低俗的滑稽和尖酸刻薄的諷刺。

管理者運用幽默元素時，首先要注意時機和場合，最好能根據雙方談判的內容製造某種情境，形成幽默的氣氛。不要在一些比較嚴肅但並非尷尬、沉悶的時候，插入一些自己編造的生硬笑話，這樣不但不能達到活躍氣氛的目的，還會使人顯得很滑稽。比較下面兩個例子，我們就不難明白這一點的重要性。

第一個例子，是一個球鞋製造廠商向某商場推銷一批品質低但價格高的鞋子。在談判過程中，廠商極力吹噓鞋的品質，「經理，您放心，這鞋的品質絕對沒有問題，它的壽命將和您的壽命一樣長。」

只見經理翻了翻樣品，微笑著說：「我昨天剛查過身體，一點毛病都沒有，我可不信我很快就會死。」

在這個談判中，經理巧妙利用鞋商過分誇大球鞋品質的時機，用幽默話語道出自己對鞋子品質的看法，如此既體現自己的素養，又使鞋商無法辯解，只能知難而退。經理巧語解麻煩，將幽默運用得恰到好處。

第二個例子是在一次大型談判過程中，雙方都在仔細地閱讀各種資料，準備進行新一輪辯論，氣氛十分緊張、嚴肅，透著幾分大戰將臨的味道。

正當雙方首席代表正要發言時，某一方的助手卻說：「大家都喜歡看足球吧？有這麼一個笑話是說，日本球迷去問佛祖：『日本什麼時候能得到世界冠軍？』佛祖答道：『五十年。』日本球迷哭著走了。韓國球迷也問佛祖：『韓國什麼時候能得到世界冠軍呢？』佛祖答：『一百年。』韓國球迷也哭著走了。最後，中國球迷問佛祖：『中國什麼時候能得到世界冠軍呢？』佛祖無言以對，哭著走了。」

這個笑話的涵義很深，還透露出中國球迷的無奈與苦澀，不失爲一個有內涵的笑話，但這名助手講笑話的時機不是時候，在不需要緩和氣氛的時候拋出了這樣一顆「笑彈」。這時，笑聲不是緩和而是擾亂了原本正式的氣氛，干擾了雙方已理清的思緒。這樣的笑話不但沒什麼價值，反而會引起雙方反感。

由以上兩個例子可知，運用幽默時要見機行事，別讓幽默反倒引起惡果。

其次，運用幽默要注意切勿用一些比較低俗的方式表達，如扮女聲、裝嗲、學方言等。這些不但不能使幽默令人回味，還會使人反胃，無形中給對方留下不好的印象，將會爲良好談判氣氛的營造設置障礙。

最後必須特別注意是，管理者在運用幽默元素時，千萬注意不要拿對方的「痛處」開玩笑，這樣的幽默會讓對方覺得說話者心存惡意或別有用心，因而產生負面的效果或無謂的紛爭。

小心使用，使幽默真正發揮效用

這個世上本來就有很多不幸的人，一生下來就背負許多不利條件。因而，凡是有憐憫之心的人，都不應該以別人天生的缺陷為話題。

有幽默感的管理者一般都心懷善意，他們想做的只不過是多爲人增加一些快樂而已。但無論如何，幽默也有傷人的可能，兩者之間的界限頗爲耐人尋味。開玩笑和詼諧都有傷人的危險性，因而使用時要小心翼翼，不能踏錯一步，否則一步走錯全盤皆輸，將會得不償失。

要是眞的說了過分傷人的話，即使是領導者，也一定要誠心誠意地道歉，不能夠就此放任不管。相反的，當自己被開了過分的玩笑時，一定要當做對方只是開玩笑而已，並沒有惡意，如此一來，對方也會不好意思再延續話題。

管理者開玩笑的「規則」主要有以下五項：

• 注意格調：玩笑應該有利於身心健康，增進團結，摒棄低級庸俗。

• 留心場合：按照一般習慣，正式場合中不宜開玩笑。當彼此不十分熟悉或有陌生人在場時，也不宜開玩笑。

• 講究方式：這是指要看對象開玩笑，對性格開朗、喜歡說笑的人，多開些玩笑無妨；對性格內向、少言寡語的人，不要開太過分的玩笑。

• 掌握分寸：「凡事有度，適度則益，過度則損」，這點在開玩笑時也如此。

• 避人忌諱：忌諱是指因風俗習慣或個人生理缺陷等，對某些事或舉動有所忌諱。幾乎每個人或多或少都有自己的忌諱，開玩笑時一定要小心避開。

當然，也有極少數管理者專門利用幽默形式講刻薄話，既傷人又傷己，他們專門打擊別人的自尊心，總毫不在乎地攻擊對方「耿耿於懷」的事情。例如，有關別人的命運、他們生長的環境、他們雙親在社會上的地位或者他們的職業等等。

這個世上本來就有很多不幸的人，他們一生下來就背負許多不利的先天條件，更值得人同情的是，他們之所以變成那樣，並非自己心甘情願的。因而，凡是有憐憫之心的人，都不應該以別人天生的缺陷爲話題。

然而，還是有管理者毫不介意地使用那些傷人言詞，會當著別人的面說些極爲傷人的話，這是非常不人道的。

例如，有些管理者常常使用一些刻薄的言語，如「嫁不出去的老處女」、「白癡」、「爛貨」、「雜種」、「廢物」、「神精病」……等字眼。

只要是還有點良心的人，都不難察覺這些字眼極爲傷人，是一些非人道的殘酷字眼。我們不妨設身處地想一想，如果自己被如此稱呼時，心裡將有什麼感覺呢？這個問題實在有深思的必要。

明瞭這個道理後，就應把握開玩笑的尺度，別使幽默成爲傷人的武器。

08

發揮幽默感，和緩緊張局面

幽默與機智都可以壓倒別人，
顯出自己的聰明之處，
也可以鼓起他人的興致，
或緩和緊張的局面，使大家開懷大笑。

精通幽默竅門，創造歡樂氣氛

幽默的效用在於，它能立時改變氣氛，又不會惹人反感。即便有些幽默暗藏諷刺，也因說話者的表達方式風趣，令被譏笑者無言可應。

幽默本身就是聰明、才智、靈感的結晶，能使人的語言在轉瞬之間放出智慧的光芒。幽默在日常生活中能發揮點綴、調和、調節的作用，它是語言的潤滑劑，只要有了它，就能使緊張的情緒頓時消失，劍拔弩張的可怕氣氛也會因此緩和下來。

有一年，英國一位能言善辯的社運人士在大街上發表演說。講到社會的種種弊病時，他情緒異常激昂，斬釘截鐵地大聲喊道：「要讓這些腐敗的官員清醒，唯一的辦法就是將宮殿和眾議院燒掉！」

當時，街上有一大群密密麻麻的聽眾，使車輛與行人無法通行。維持交通秩序的員警湯姆森見狀，幽默地向人群喊道：「請各位散開！要燒宮殿的請到左邊去，要燒眾議院的請到右邊來。」

湯姆森這句幽默又滑稽的話語逗得人們哈哈大笑，在一片笑聲中，人群就自行散開了。

管理者要想學會運用幽默語言加強本身的魅力，得先掌握若干詞語組合的技巧。常用的技巧有如下幾點：

•巧用對比

某市一位處長邀他幾位在縣裡當官的同學和故友在一家餐廳聚餐，同時被邀的還有兩位早年輟學且後來境況淒苦的小學時代同學。

當這兩位不得志的同學提前來到餐廳時，在縣政府任職的那幾位同學還未到場，不過處長已先到。處長與兩位同學寒暄過後，其中一個竟問處長說：「你現在是處長，今晚請的又都是縣裡的官，但我們倆既不是當官的，又窮困得很，你怎麼會想到要邀我們倆呢？」

只見處長不急不徐地說：「因爲，今晚我要做的正是一項扶貧濟困的社會福利工作啊！」

處長故意將請故友吃飯和扶貧濟困的社會福利工作牽扯在一起，使自己的話產生幽默感。

●拆散固定詞語

某市一家奶粉工廠的廠長，上午一進辦公室，就被兩個業務員纏住了。這兩人憑著一紙介紹函及三寸不爛之舌，提出要購買兩萬袋奶粉，付款方式爲先付十%的訂金，餘下九十%的貨款待貨到後一次全部付清。

不過，任憑這兩名業務員怎麼說，廠長完全不爲所動，絲毫沒有與他倆談這筆買賣的意思。這兩名業務員足足纏了二十分鐘後，發現廠長的態度始終十分冷淡，並且一直露出不耐煩的神情，只好放棄地告辭了。

但是，快走出廠長辦公室之時，其中一位業務員故意對另一位大聲說：「要知道他是這種態度，八人大轎也請不動我倆！哼，白白浪費了二十分鐘！實在是對牛彈琴。」

廠長明知這是罵自己，但他並沒發火，因爲這類業務員、推銷員、商界說客乃至騙子，他見多了，犯不著動氣。

所以，他只是大聲回敬了那兩位剛走出辦公室的業務員這麼一句話：「說得對，剛才竟有兩頭牛彈了二十分鐘的琴！」

廠長在關鍵時刻善於拆開固定詞語再巧妙組合，既幽默風趣，又巧妙地回擊了那位業務員的粗野與無禮。

●妙用同音多義詞

在需要的時候，巧妙運用同音多義詞可獲得極好的效果。

下面這一段對話就將同音多義詞運用得恰到好處，更對當前社會的醜惡行徑做了深刻的諷刺。

鄭先生說：「老王，你的條件完全符合規定，但怎麼一直沒升官呢？」

王先生說：「除了當時有人誣告、陷害之外，這三、四年來，我每次請人幫我推薦時，都是無禮（理）的要求呀！」

鄭先生說：「那些人做事就是這樣，即便是合理合法的事也拖著不辦，彼此推託責任，一拖就是許多年。莫非什麼事都要撈點油水才甘心嗎？」

王先生說：「老鄭，我的高職就暫時寄放在他們那裡吧，等我哪一天發了大財再去述（贖）回來。」

● 適時插入幽默辭彙

有位進口洋煙的推銷員在鬧區繁華街道口不斷叫賣，說得口沫橫飛：「英國進口香煙，芳香味正，能提神益智，價格合理……」

一位知識分子模樣的中年男子擠到煙攤前，瞄一眼進口香煙，隨口冒出一句話：「抽了這英國進口煙，小偷不敢進屋，狗不敢咬，而且人永遠不會老。」

煙攤前一堆人聽到這句話，全愣住了，唯有推銷員樂極了，連忙大聲說：「還是知識份子高明！大家不妨聽聽這位專家對英國進口香煙的高度評價。」

只見這位知識型中年人似笑非笑地說：「抽洋煙的人整夜咳嗽，小偷敢進屋嗎？抽煙的人身體虛弱，走路得拄著枴杖，狗敢咬他嗎？抽煙的人易得癌症，怎麼能活到老呢？」

煙攤前的人一聽，人人哈哈大笑，只有推銷員霎時變了臉色，但一時又不知該回應什麼。

幽默的效用在於，它能立時改變氣氛，又不會惹人反感。即便在上述例子中，有些幽默話語暗藏諷刺，但也因說話者的表達方式風趣，令被譏笑者無言可應。

運用幽默創造愉快談話氣氛

在類比幽默這種辦法中，類比對象的差異性越大、不協調性越強，造成耐人尋味的幽默意境就越佳。

幽默是種充滿智慧的藝術，千百年來一直頗受人們青睞。人們之所以青睞幽默藝術，是因爲人們喜愛笑、喜愛歡樂。傳統意義上的笑，意味著快樂和高興。管理者用幽默法讚美他人，更是快樂中的快樂。常見的幽默讚美人辦法有如下數種：

- **改變語境**

將一種語體的表達改變爲另一種完全不同的語體風格，常讓人忍俊不禁。若用這種方式讚美別人，會使他人在輕鬆愉悅的狀態下欣然接受。

有一個相貌平凡的男孩，就是用這種新穎的讚美方式，擄獲了貌美的嬌妻。

她幸福地訴說他們之間浪漫的愛情，「當我在一間銀行裡當出納員時，有個年輕人幾乎每天都到我負責的窗口存款或提款。有一天，直到他把一張紙條連同存摺一起交給我時，我才明白他每天來銀行是爲了我。」

「在那張紙條上寫著：『親愛的，我一直在儲蓄這個想法，期望能得到利息。如果週五有空，妳能把自己存在電影院裡我旁邊的那個座位上嗎？我把妳可能已另有約會的猜測記在帳上了。如果眞是這樣，我將取出我的要求，把它安排在星期六。不論兌現率如何，妳的陪伴始終是十分愉快的。我想妳不會認爲這要求太過分吧！我隔天再來同妳核對。』我實在無法抵抗這種誘人、新穎的求愛方式。」

這名年輕人沒有俗套地說「妳好漂亮」，而是相當高明地說：「不論兌現率如何，妳的陪伴始終是十分愉快的。」他將對方的專業詞彙運用於談情說愛中，生動地表達了他的愛意。

改變語境有許多種方法，如「褒詞貶用」、「貶詞褒用」、「今詞古用」、「古詞今用」、「俗詞雅用」、「雅詞俗用」，這些辦法可以令詞語充滿活力，令讚美話語增加情趣。

● 運用仿擬

管理者恰當運用仿擬可以幫助彼此溝通和交流情感，可以把原本很生硬、很單調的讚美化為生動活潑、詼諧幽默、趣味橫生、新穎奇妙的話語。

仿擬主要借助某種違背正常邏輯的想像和聯想，把原來適用於某種環境、現象的詞語，用於另一種截然不同的新環境和現象中，以產生新鮮、奇異、生動的感覺。

例如，在一次朋友聚會中，每個人都要自我介紹，其中有個叫「秦國生」的男孩也做了自我介紹。

在他自我介紹後，是另一個女孩的自我介紹。女孩說：「本人自覺渺小，所以姓蕭，名曉，只好拜託諸位多加關照。特別是秦國生老兄，他堪稱元老級人物，因為他的年紀是最大的。剛才仔細一算，畢竟他是秦始皇併吞六國時出生的，竟然已經兩千多歲了啊！」

她將秦國生仿擬成「秦始皇併吞六國時出生」，也就是將現在的字詞及語句格式創造成新的字詞及語句格式，出人意料地把毫不相干的事情扯在一起，內容風馬牛不相及，這就創造出幽默性。

‧類比幽默

用類比幽默讚美同事或部屬，就是把兩種或兩種以上互不相干，彼此之間沒有聯繫的事物放在一起對照比較，雖然顯得不倫不類，但又含有讚美之意。

據說，有一次拿破崙在歌劇院裡看歌劇時，見另一個包廂裡坐著著名的作曲家羅西尼，就叫侍從請他過來。

羅西尼當然趕緊來到拿破崙的包廂，跪下請罪說：「皇帝陛下，請恕我沒有穿晚禮服來見您。」

但是，拿破崙卻語出驚人地說：「我的朋友，在皇帝與皇帝之間，禮儀是不存在的！」

拿破崙將羅西尼也稱為「皇帝」，這句幽默之語是對羅西尼極高的讚賞，以致於他從此有了「音樂皇帝」的尊稱。

在類比幽默這種辦法中，類比對象的差異性越大、不協調性越強，造成耐人尋味的幽默意境就越佳。在如此幽默的談話氣氛裡，讚美詞必令人人喜愛，沒有人會因爲被讚美而不知所措，反而會特別開心。

避開忌諱，讓笑話創造無限快樂

只要避開說笑話的忌諱，就能使笑話發揮最大的效果，讓每則笑話都能為生活多添加一點快樂、活潑的色彩。

不論是上司、同事或部屬都愛聽笑話，也總愛講一些笑話為生活增加笑料與樂趣。但要注意，講笑話不同於一般的語言交際，它有特別忌諱的地方。

這些忌諱主要有以下五種：

● 不可重複滑稽的動作

一個人如果一次或兩次地做一些滑稽動作，會給人帶來突如其來的幽默感，這些動作通常也會逗得大家哈哈大笑。但須要注意的是，這類滑稽動作不可重複做，多次重複同一個滑稽動作，不僅使該動作的娛樂性降低，還讓人感到做作。

- **講笑話忌勉強**

講笑話的目的在於活絡氣氛，因而笑話多半就當時的話題加以發揮，爲衆人帶來笑料。所以，講笑話時切忌勉強，每則笑話一定要與當時的話題與場合吻合，不可偏離，要不然這則笑話就沒有任何意義了。

例如，參加同事或部屬的婚禮時，在這種喜慶氣氛中，大家應該談一些輕鬆、高興的話題，如果講一些婚變、死亡之類的笑話，必定不合時宜。

- **忌說肯定的話**

有人在講笑話之前，唯恐講完之後大家都不笑，就預先肯定地說：「這是非常有趣的笑話，大家一定會感到非常好笑！」

結果，也許本來笑話很有趣，大家可能會笑，但聽他這麼一說，反倒感到一種強迫感，結果就不笑了。因此，講笑話時，切忌說這樣的肯定話語，以免降低「笑」果。

・切忌自己先笑

在看相聲表演時，表演者多半說得妙趣橫生，但表情卻一臉嚴肅，這種反差卻不禁讓觀衆們哈哈大笑。相反，如果表演者邊大笑邊說，觀衆就不會覺得太有趣了。

同樣的道理，如果還沒說完笑話就已哈哈大笑，會讓聽者覺得很牽強，那即使管理者勉強講完笑話，也不會讓人覺得有趣。

・不講諷刺的話

講笑話時，應該講些內容健康積極的笑話，最好含有激勵性，這樣才能顯現出笑話的魅力，切忌講一些諷刺性的笑話，因爲帶有諷刺性的話容易引起他人反感，至於含有恨意的攻擊性笑話，則更應該避免。

笑話可說是幽默藝術的結晶，雖然可能只有三言兩語，雖然可能只是個極短的小故事，卻能帶給人無限歡樂。只要避開說笑話的忌諱，就能使笑話發揮最大效果，讓每則笑話都能爲生活多添加一點快樂、活潑的色彩。

發揮幽默感，和緩緊張局面

幽默與機智都可以壓倒別人，顯出自己的聰明之處，也可以鼓起他人的興致，或緩和緊張的局面，使大家開懷大笑。

《聖經》上有這麼一句話：「人們若有一顆快樂的心，會遠勝於身懷一只藥囊，可以治療心理上的百病。」

機智和幽默如果運用得當，不但可以帶給人們快樂，還可以幫人們化險爲夷。

機智是以智力爲基礎，領導者可以憑著機智把表面上不相干的事情，巧妙地連結在一起。它可以在文句上搬弄花樣，但是不一定會令人發笑。

至於幽默和機智不同，幽默不僅是在字詞上賣弄玄虛，所謂幽默是得體的玩笑。譬如有個人穿了全身名牌，走起路來神氣活現，不料正自鳴得意的時候，卻踩到一塊香蕉皮，跌得四腳朝天。

這情景當然是可笑的，因為他本來威風的模樣和摔跤後狼狽的態度正好形成對比。反過來說，他如果是個衣衫襤褸的窮人，長得一副可憐相，摔跤時不致會引起人們注意，因此也無所謂可笑了。

幽默與機智都可以壓倒部屬，顯出自己的聰明之處，也可以鼓起他人的興致，或緩和緊張的局面，使大家開懷大笑。

用機智和幽默鼓起他人的興致，別人會心懷感激。一句笑話可以像一縷陽光似的驅散重重烏雲，一切懷疑、悒鬱、恐懼，都會在一句恰當的笑話中消失無蹤。

管理者的機智運用得法，可以使敵人啞口無言，還可以解除尷尬的局面，贏得別人的鼓掌與喝采。一則有關於馬克．吐溫的笑話正可以表現出這樣的特點。

馬克．吐溫去拜訪法國名人波蓋時，波蓋取笑美國的歷史很短：「美國人沒事的時候，總愛想念他的祖先，可是一想到他祖父那一代，便不得不停止了。」

馬克．吐溫一聽，便以充滿詼諧的語句說：「當法國人沒事的時候，總是盡力想找出究竟誰是他的父親。」

不過，這類機智是危險的，不是一般人能使用，因爲它可以把一粒星火煽動成熾烈的怒焰，和對方爭辯的結果不是全面得勝，就是一敗塗地。所以，除非必要，不要隨便嘗試採用這類較激烈的機智。

幽默是有區別的，有些文雅，有些暗藏深意，有些高尙，有些低級。低級的幽默形同譏笑，往往一句話就足以令人勃然大怒。所以，領導者運用幽默話語時，應該使它高尙、斯文才好。

若是一味說俏皮話、無限制的幽默，結果反而會不幽默。譬如，若把一個笑話反覆說三、五遍，起初別人還會覺得很風趣，到後來聽厭了之後，便不再感興趣。

管理者運用幽默時也要注意，若沒有適時適地善加運用，反倒會令人厭惡。例如，若衆人聚精會神地研究一個問題，你卻忽然在這時插進一句全無關係的笑話，這不但不會引人發笑，說不定還反遭白眼相待。另外，如果幽默含著批評的意味、帶著惡意的攻擊，或者專門挖苦別人醜陋的事情，這些話還是不說爲妙。

用自我解嘲贏得他人好感

將自己的缺陷大方呈現在別人面前的說話方式，往往引起人們大笑後的好感，亦可加深自己在別人心中的印象。

一個領導者幽默感，總是容易受到部屬們歡迎，因爲它總能打破沉悶的氣氛，爲人們帶來歡樂與笑聲。

有人說幽默就像一個精靈，隨時出現在人們的周圍，讓人們汲取著它的靈氣，它以愉悅的方式表達出管理者的眞誠、大方和心胸豁達。

幽默是人類在長期的艱難困苦中，對語言千錘百煉之後，才得出的輕鬆簡潔又情趣盎然的語言。

著名思想家恩格斯曾經說過：「幽默是具有智慧、教養和道德上優越感的表現。幽默感是人高尚的氣質，是文明的體現。因此，一個社會不能沒有幽默。」

沒有幽默感的語言就如一篇公文，沒有幽默感的管理者就如一尊雕像，沒有幽默感的家庭就如一間旅社，沒有幽默感的社會更是不可想像的。

幽默的形式多種多樣，一般有自我嘲諷、張冠李戴、旁敲側擊、順水推舟、諧音雙關、借題發揮等等，如果運用得法，肯定會獲得良好的效果。

幽默的第一步，就是要能夠冷靜客觀地剖析自己。透過對自身的細心觀察，會發現自己並不是十分完美，是一個帶有缺陷和庸俗的平凡人。

這時，如果領導者藉著冷靜發現眞實自我後的評判，以幽默語言加以表達，於是就產生了自嘲式的幽默。

這種將自己的缺陷大方呈現在部屬面前的說話方式，往往引起部屬大笑後的好感，亦可加深自己在部屬心中的印象。

螢光幕上的諧星們，多半沒有亮麗出衆的外表，在歌唱或演戲等方面也不見得有雄厚的實力，但他們靠著幽默的語言與表演方式，爲衆人帶來歡笑，更在競爭激烈的演藝圈中，爲自己開創出一片天空。

在這些諧星們常用的幽默招式中，自我解嘲是一種常見的方式。這些諧星們多半不英俊也不貌美，甚至可說是其貌不揚，但他們透過自嘲式的幽默，反將自己外貌上的劣勢轉爲優勢，讓觀衆們留下深刻的印象，甚至成爲衆人津津樂道的話題。

因此，不要拘泥於自我意識中，也不要硬是模仿他人的幽默語言，應該發掘自身的幽默話題，並將幽默的談吐不斷往更高層次昇華。如此，相信過不了多久時間，就能成爲一個具有幽默感的主管了。

曲解「真意」，製造幽默涵義

人們說的話往往有「表意」和「真意」之分。將話語中的「真意」棄之不顧，只取話語的「表意」，就是位移幽默的根本技巧。

管理者總希望自己能言善辯、妙語如珠，幽默詼諧地和周遭同事與部屬交談。這時，若能把握位移幽默的技巧，就能爲自身談吐增色不少。

位移幽默就是思想傾向的偏離，把重點移到另一個主題上，避開原來的主題。人們常用怎麼、怎麼樣、什麼樣等等語詞詢問，回答這類問題時，位移幽默往往會造成意想不到的幽默和機智效果。

在一次軍事考試的面試中，主考軍官問士兵：「某個漆黑的夜晚，你在外面執行任務，這時，有人從後方緊緊抱住你的雙臂，你該說什麼？」

「親愛的，請放開我。」士兵從容地回答。

這段無厘頭的對話乍看之下，會讓人覺得有些莫名其妙，但仔細一想其中涵義，實在令人忍俊不禁。

「親愛的，請放開我。」一般是情人間親暱的話語，軍官提問是想知道士兵要怎樣對付敵手，但年輕的士兵則理解或者說故意理解爲戀人抱住他雙臂時，他該說什麼。把原本重點「怎樣對付抱住他雙臂的敵手」，巧妙轉移成另一個主題「怎樣對付抱住他雙臂不放的情人」，這就是位移幽默。

人們說的話，往往字面意思與說話者想表達的意思並不完全一致，也就是一句話有「表意」和「眞意」。將人們話語中的「眞意」棄之不顧，只取話語的「表意」，就是位移幽默的根本技巧。

有個小姐打電話對某家雜誌社的編輯說：「我之前投稿了一則笑話，希望能在雜誌上發表。」

編輯看過稿子後，對她說：「小姐，這笑話實在有些冷。」

小姐馬上說：「沒關係，你們就在夏天發表它吧！」

在這段對話中，編輯話的眞意是指這則笑話的笑點不佳，不足以引人發笑，所以不想刊登這則笑話。但這個小姐卻故意裝成聽不懂話的「眞意」，只取「冷」這個字的表意，這就是使用了位移幽默的技巧。

以位移前提造成的幽默往往令人忍俊不住。

請看下面的一個例子：

房客對房東說：「我無法再忍受下去了，這房間不斷漏水。」

房東反駁說：「你還想怎麼樣？就你繳的那一點房租，難道還想漏香檳不成？」

這的確是個很精湛的幽默。房客話的意思是「不論漏的是什麼都有礙於他」，但是精明的房東卻故作懵懂不知，將這句話位移爲「不足以漏香檳」。

如果管理者能辨明話的「眞意」與「表意」，就可以應用這種位移幽默製作出許多幽默元素，帶來歡笑。

適合自己的，就是最好的

每種幽默形式都有優點和缺點，因此在運用時，得先衡量自己的優缺點，然後再從眾多幽默形式中，選出最適合自己的加以發揮。

許多管理者都已意識到幽默的重要性，特別是在表達個人想法的問題上，適度發揮幽默有助於推銷自己。一般說來，管理者在表達個人看法的時候，無論是面對一個人還是面對一大群人，都希望透過幽默的方式，將自己的觀點更確切有效地表達出來，希望透過幽默的表達贏得同事或部屬的認可和支持。

但是，許多人在這方面還缺少應有的自信心，有些人認爲自己不善於說笑話或講有趣的故事，不會把幽默與自己的觀點融合在一起。要解決這一障礙，關鍵在於多學多練、大膽嘗試。

管理者在一開始運用幽默技巧時，不必要求過高，不必非得企求造成強烈的說服力與感染力，同時要明白，並非只有透過笑話才能表達幽默。

一般而言，一個完整的笑話要有人物、地點、時間，有令人發笑的情節，最後有個令人深思結尾。不能否認，這樣完整的笑話確是表達幽默的一種極佳手法，但是，不要忘記還有許多更爲簡潔的幽默，例如俏皮話、雙關語、警句等等。它們可能屬於笑話，也可能不屬於笑話，但都是幽默的形式之一。

雖然笑話是個傳達幽默的方式，但非絕對必要，況且那種只靠講笑話引人發笑的效果也不一定很好，因爲有時會顯得過於膚淺，無法給人眞誠的感覺。

畢竟，每種幽默形式都有它的優點和缺點，因此在運用這些幽默形式與辦法時，得先衡量自己的狀況，衡量自己的優缺點，然後再從衆多幽默形式中，選出最適合自己的加以發揮。

著名作家布萊特的僕人就很清楚這個道理。有一次，布萊特因故迫不得已要辭退那個僕人，並幫他寫了封推薦信，對他說：「我在信中說你是個誠實的人，並且忠於職守，但是我不能寫你是個清醒冷靜的人。」

那個僕人說：「您難道不能寫我經常是清醒的人嗎？」

再如，有個拳擊手在比賽中重重地挨了幾拳，立時頭昏眼花、腳步不穩，但心中卻有幾分得意，「我這個樣子必定把他嚇壞了，他怕打死我。」

又有位演說家在講到喝酒的害處時，不禁喊道：「我看應當把酒統統扔到海底！」聽眾之中有個人大聲說：「我贊成。」

演說家一聽更加激動，「先生，恭喜你，我想你已深深明白今天這場演講的旨意。請問你從事什麼工作？」

「我是深海潛水夫！」那名觀眾一回答，登時引起哄堂大笑。

在以上三個例子中，最後都達到幽默、令人發笑的效果，但這三個例子都非運用說笑話的方式，而是依據當時情境，以一兩句幽默語言達到「笑」果。由此可見，要發揮幽默，運用何種形式或方法並不是重點，重點在於該方法是否切合當下情境、是否符合個人特質，唯有符合這兩點後，才能將幽默發揮到盡善盡美。

凡事多往好的方面想

做人的最高技巧是「凡事多往好的方面想」，如此一來，遭遇困難的時候才能激發自己的潛力，從容加以面對。

美國總統林肯曾說：「如果我們能夠了解自己的處境和趨向，那麼，我們就能更好地判斷我們應該做什麼，以及應該怎麼去做。」

想要奠立人生進步與成功的基礎，方法其實很簡單，那就是設法克服自己的缺點，努力發揚自己的優點。

對一個優秀的管人用人高手而言，熟悉自己置身的處境，明確自己未來的發展方向，摒除不必要的自卑感，保持不卑不亢的進取態度，無疑是比競爭對手更快獲得成功的關鍵之一。

引起自卑的心理，或者令人暫時失去自信心的情緒，通常是由於我們心裡產生了「受壓抑」的感覺，這種感覺有時也會使平常頗有自信心的人感到進退兩難，甚至大出洋相。

自己覺得「受壓抑」和「不自在」的現象在很多情況下都會發生。

例如，你今天必須在公司的業務會議上提出一項新企劃，而你擔心上司或某些同事可能會反對這項企劃。

在這種情況下，如果你忐忑不安、患得患失，受到壓抑的感覺便會從心底產生，嚴重的話更會使你的「演出」失常，小則出洋相，大則慘遭失敗。

壓抑感是一種心病，必須用「心藥」來醫治。

其實，你所擔心是尚未發生的事，而且這種狀況，只是你假設「可能會發生」而已，事實未必一定如此。

很可能同事們一致鼓掌通過你的企劃，上司也露出讚賞的笑容。

壓抑感很多時候只不過來自你「假設某種不利情況可能會發生」，這種假設僅僅是你的想像，其實根本並沒有往壞處想的必要。如果，你因爲這種壓抑感而深受困擾，那就是自作自受了。

做人的最高技巧是「凡事多往好的方面想」，如此一來，遭遇困難的時候才能激發自己的潛力，從容加以面對。

凡事多往好的方面想，並不是要你自欺欺人，而是不要爲尚未發生的事情憂心忡忡，因爲那只是我們的臆測，爲什麼不多往好處想想，然後信心百倍地去辦事呢？

爲什麼要用悲觀的想法讓自己陷入無名的苦惱之中呢？

請記住，凡事多往好處想，無形之中就會增強自己的信心，增強自己在別人心目中的形象，這將是你成功的關鍵。

09

做好本分，贏得上司信任

儘量做好自己的工作就是與上司和睦相處的最佳辦法，而這種良好關係，更有助於增進雙方的工作效率，並使整個工作團隊受惠。

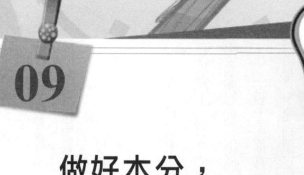

選擇適當時機，再提出建議

下屬應根據上司的脾氣、作風、情緒等，選擇一個上司最能接受別人意見的時機提出意見，創造彼此雙贏的局面。

人一旦被人怨恨，事態往往就會進一步惡化，所以，下屬一定要注意不要使自己成爲上司怨恨的對象。尤其是出言頂撞上司時，最容易招致上司的怨恨，使他對你充滿怒火和不滿。

一般上司都喜歡下屬聽命於自己，這不但是組織關係的必要要求，也是上司履行職責、達到預定目標的前提與保障。

上司一般都會認爲，自己有權要求下屬做某些事情，許多上司還會認爲自己比下屬優秀，因此才能夠當領導者，在潛意識之中，有著很強的優越感，對自己充滿信心。因此，上司發出的指令，下屬就應服從，不能自有主張、各行其事，破壞整體計劃。

上司還多半有很強的自尊，會行使權力、發佈命令，使事情朝著自己預想的目標發展。

尊嚴是一個人最敏銳，也是最脆弱的感覺，因爲它總是與一個人本質中的某些東西相連，所以侵犯尊嚴便等於是對人的污辱和蔑視。這在自認爲理所當然地應享有他人尊重的上司看來，尊嚴被侵犯是絕對不能容忍，更不能被諒解的事。

許多時候，下屬的頂撞會使上司下不了台，掛不住面子。即便上司的命令確實有不當之處，採用對立或抗拒的態度對待上司，無疑會使他感到尊嚴受損，進而以敵意對抗敵意。

特別在一些公開場合，上司更是重視自己的權威，絕對不允許下屬對他的權威提出挑戰。

下屬衝撞上司時，一般都會使用一些過於激烈的言詞，特別是一些很傷感情的話語。這些話會像一把尖刀，直刺向上司的內心，勢必惹得他怒火中燒、大發雷霆。雖然那些激烈的言詞，可能是出於忠心或好意才說，但如果言辭不當，反而會使上司認爲你心懷不滿，會想：「原來他一直對我有成見，今天終於暴露出來了！」結果，算總帳的仇恨就會像火焰一樣地燃燒起來，使上司失去冷靜與理性。

對抗的態度會使上司失去理智，上司會覺得尊嚴受損，權威受到挑戰，因而一時也不會考慮什麼是非曲直，只會一味地報復下屬。在這種情形下，上司一般都會十分激動，甚至惱羞成怒。

上司一旦失去冷靜的判斷，得罪他的下屬就會成爲他的頭號敵人，他勢必會力圖報復，甚至因而做出過激行爲。即使當時比較克制，事後也會伺機報復。

因此，下屬與上司說話時，態度切勿激動，也不要出言不遜，要時刻提醒自己，即使自己是對的，也要注意態度、表達方式和時機問題，不要衝撞對方，引起上司的怒火，惹火燒身。

下屬首先應在態度上保持對上司的尊重，切不可流露出對對方意見不屑一顧的神色。一定要把公事與私人看法嚴格區別開來，不能把對工作的看法提升為對人的看法。更不能讓對方誤解，認為自己對上司本人有意見。

只要上司感到下屬仍然承認他的權威，下屬的意見是針對工作而非藉工作之名行人身攻擊之實，他多半仍會保持冷靜，理性考慮下屬提出的建議。

只要意見內容超脫個人利害，處處替上司著想，那即便意見內容違反上司心意，上司也會多加考量、體諒。

下屬談論問題時，要特別注意表達的方式，儘量用對方容易接受的方式說明自己的想法。一般說來，語氣要溫和，言辭要避免極端，最重要的是要懂分析、有根據，條理清晰，能以理服人。

下屬一定要記住，上司是權威，擁有最終決策權，所以下屬最終還是要聽上司的指令。因此，對上司說明自己的想法時，不要用過於肯定的方式，應該用商討的口氣委婉地表達意見。比如可以說：「你看這樣是不是會更好一些？」千萬別說：

「我認爲應該……」

另外，下屬表達意見之時，還應選好時機和場合。在公開場合說就不如私下談好，事情已確定時就不如事情尚在醞釀時說好，上司情緒低落時說就不如上司心情正好時說。

總之，下屬應根據上司的脾氣、作風、情緒等，伺機而動，選擇一個上司最能接受別人意見的時機提出意見，如此既能使上司樂於接納意見，又能避免頂撞上司，創造彼此雙贏的局面。

與上司打好關係，工作自然順利

不願把自己的讓給別人是人之常情，但是在職場上若不能忍耐，硬要跟上司搶好「吃」的東西，結果可能是永遠都「吃」不到好東西了。

在職場關係中，與上司的關係是極爲重要的一環。若與上司相處得好，自有機會獲得提拔，前途不可限量。相反的，若是與上司相處得不好，不但加薪、升遷的機會輪不到自己，說不定連飯碗都不保。

在職場中，若想與上司相處愉快，必須遵守以下三大法則：

• 把上司由「鬼」變成「佛」

若把上司當做「鬼」，把他當敵人看待，他當然是個可怕的敵手。相反的，如果把他視爲友方，一定會很有安全感。上司就是上司，無論說他好或壞，都無法脫離他的管轄。既然無法脫離，倒不如請他站到自己身邊，處境也許比較輕鬆些，同時心情也比較穩定。

因此，不要一味地認爲上司是「鬼」而討厭他，應想辦法使「鬼」變成「佛」。如果能做到，相信工作會變得愉快許多。

那麼，究竟如何使上司由「鬼」變成「佛」呢？

首先，應在上司面前呈現認眞的工作態度。企業界是個講求效率和貢獻度的世界，如果做事慢吞吞，經常無法提高工作效率，那無論多麼有創見、有抱負，也不會獲得上司的器重。

在職場上，一旦被人認定是慢吞吞、懶惰蟲、萎靡不振、好好先生，或是只會說恭維奉承話、愛發牢騷等，就永遠無法翻身了。這種人不但無法使上司重視自己，反而會被上司玩弄於掌上。

對上司委託的事，若能如期順利完成，然後再問上司：「還要再做些什麼？」這種積極的態度必會贏得上司的喜愛。

相反的，若是做事拖拖拉拉，每次辦事都要靠上司催進度，如此一來，上司自然覺得此人不可靠，當然也不會多加器重了。

・嚴格地遵守上下關係

在職場上，凡事都必須公私分明。有些人一旦熟悉工作環境之後，就會有「這麼做也沒有關係」的公私不分心態，這種心態很容易讓人認為「這傢伙是個不值得信任的人」。一旦被烙上這個烙印，會對個人信用造成極大的損失。

要做到公私分明的首要任務，就是認清上下關係，這一點在公司內部必須有嚴格的區分，否則上面的命令便無法貫徹到下面，如此一來，公司又如何能夠上下一心地完成任務呢？

在上下關係中，最應值得注意的就是言詞的使用。現在許多年輕人常會像對待朋友一樣地對待自己的上司，像是說：「喂！組長，課長叫你！」這種態度十分值得商榷，應改為：「組長！課長請你過去一下。」

「喂」這一類輕佻的用語絕對不可以對上司使用。

此外，回答上司的問話，一定要簡單明瞭，換言之，不可以語意含混地回答「喔」或「嗯」，而且即使是被訓斥時，也不可忿忿不平地頂嘴。

還有，有些年輕女子常常習慣在談話中使用一些語尾助詞，例如「哦」、「呢」之類，但這些用語不適合用在辦公室中，凡是精明幹練的女性上班族，都不會這樣說話，這種說話習慣還是及早改掉爲好。

・在上司面前不要計較個人得失

每一個人都喜歡好東西，越是好吃的東西，就越捨不得讓給別人，這是人之常情。沒有人喜歡吃他人剩下的東西，也沒有人喜歡吃最不好吃的東西。這點若觀察小孩子吃東西的情形就可明瞭。只要媽媽端出好吃的菜，就會很快把它吃掉；相反的，若是自己不喜歡的菜，就會擱置在一旁，甚至挑到別人的碗中。

然而，既然已經出社會、踏入職場，就已經不是小孩了，應該明瞭「忍耐」這句話的眞義。所以，好吃的「菜」應該先讓上司「吃」，即使自己垂涎三尺，也要向上司說：「請您先用吧！」

在這句話中，「吃」的東西並不是食物，而是指工作上的利益。換句話說，若有某項工作順利達成，應該把功勞讓給上司。

也許，有人會反駁說：「這是我自己立下的汗馬功勞，何必讓給上司呢？」不願把自己的心血、功勞讓給別人是人之常情，就如每個人都喜歡吃好吃的東西一樣，但是，在職場上若不能忍耐、不能克制自己，硬要跟上司搶好「吃」的東西，結果可能是永遠都「吃」不到好東西了。

因為，如果真有能力完成一項工作，那麼往後立功的機會還很多，如果能克制自己一時想立功的情緒，將功勞讓給上司，對個人必定有利而無害，往後也會有更多獲得提拔的機會。

在這個大多數的人都不肯把功勞讓給別人的社會中，如果有人肯大方地把功勞讓給別人，受到禮讓的人一定會吃驚，而等到上司瞭解事實真相後，一定會心生感激之情與好感，心中會有「我欠了此人一份人情」的感覺，因而無法釋懷。

總有一天，上司會設法還這筆人情債，同時也給此人再次建功的機會。所以，將功勞讓給上司，絕對不會永遠吃虧。

但在這過程中，必須特別注意一件事，這類「禮讓」的事絕不可對外宣傳。如果沒有自信能遵守此戒律，那還不如不要讓功。

把功勞讓給上司，是爲了將來在工作上得到上司更多的幫助。況且在公司裡，爲使一項工作順利如期完成，無法單靠一個人的力量就辦得到，而須借助衆人的力量合力完成，尤其是上司的幫助或適當的指示更爲重要。

若是基於這項理由，把功勞讓給上司也沒什麼不對，倘若能因此而使上司成爲自己的支持者，則將來的機會也會更多。

屆時，可能得到上司更多的祝福、獎勵和提拔。

將好「吃」的東西先讓給上司，相信未來有機會時上司一定會回報。就算沒有實際得到回報，但以長遠的眼光來看，上司所懷的善意還是對人相當有利。

做好本分，贏得上司信任

儘量做好自己的工作就是與上司和睦相處的最佳辦法，而這種良好關係，更有助於增進雙方的工作效率，並使整個工作團隊受惠。

在職場上，想要晉升領導階層的人，要如何正確處理好自己與上司的關係呢？一般來說，以下幾點至關重要：

• 瞭解上司

「知己知彼，百戰百勝」，因而在踏入職場後，首要之務就是弄清楚自己上司的背景，以及他的工作習慣、事業抱負與個人喜好。

唯有投其所好，配合上司的辦事風格、工作步調，才能盡快融入職場，進而獲得上司的器重與喜愛。

・不要武斷地下結論

例如，假若自己的學歷比上司高，別理所當然地懷疑上司會嫉妒自己的學歷與能力，或是處處排擠自己。事實上，他心裡很可能認爲有一個博士、碩士學歷的下屬是一件很體面的事。

若一進職場就對上司的行爲、想法武斷地下結論，這種先入爲主的觀念必會毀掉一個人的職場生涯。

・態度積極

成功的領導者大都樂觀進取，而且希望下屬也有相同的觀念。積極的作風並非只是一種策略，而且是一種態度。

一位幹練下屬很少使用「難題」、「危機」或「挫折」等字眼，會以「考驗」、「挑戰」形容眼前的困境，然後著手擬訂解決辦法。

此外，跟上司談論其他同事時，儘量只說他們的長處而不要說短處。這麼做既有助於自己與同事的合作關係，也能在上司面前留下善於與人相處的好印象。

・說話簡明

時間是上司最寶貴的東西，所以向上司報告事情時，言簡意賅至爲重要。所謂簡潔，並非急急忙忙地將許多事情一口氣講完，而是能選擇重點報告，且說得直截了當又清楚明白。

若是寫書面報告，最好只限定一頁。就算必須提出詳盡的報告，也要在最前面附上一頁摘要，替上司整理出要點，方便上司閱讀。這種體貼的做法，能幫助上司節省時間，必定會贏得上司的好感。

善於傾聽的人不僅能聽見上司說些什麼，而且能聽懂他的意思，如此才能把握重點，回答中肯、貼切。

與上司談話之時，要保持目光接觸而不瞪視，並且勤作筆記。上司說完之後，先用心體會他的意思，然後提出一兩個問題，釐清幾個要點，或者將上司的話扼要覆述一遍。

記住，上司賞識的是那些不必一再叮囑的人。

・信守諾言

下屬的長處只要能抵銷短處而有餘，上司便會容忍那些小缺點，但上司最無法容忍的，是言而無信的下屬。因此，如果事先表示自己能完成某項任務但結果沒有做到，上司便會懷疑你的可靠性。

應對的方法是，發現自己力有未逮時，應盡快報告上司。他雖然會因此覺得不快，但比起日後才發覺下屬辦事不力，那種不愉快感會輕微許多。

就如專業管理顧問狄朗尼所說：「寧可讓人知道自己犯了無意的過錯，也不要有意地犯錯。」

・自己解決困難

屬下若無法解決自己的問題，會浪費上司的時間和損害他在公司的影響力。因此，身為屬下若能處理自己的困難與問題，不但有助於培養自己的才能和建立必要的人際關係，還可以提高自己在上司心目中的價值。

・採取理性委婉的應對態度

如果想提出主張，應儘量蒐集可以支持自己論點的事實，然後用適當的方式將這些事實加以說明，藉以使自己的主張有理有據。還有，提供數個辦法讓上司抉擇也是個良策，切勿未經思考就立即提出建議。

此外，不要害怕向上司報告壞消息，不過要注意技巧。

比起一味奉承上司使他犯錯而不自覺，願意委婉地指出上司錯誤的下屬，會更得上司的賞識與企重。

・早到而不遲退

勤奮工作足以顯示自己的工作熱誠與忠心，但是要注意一點，若想多做一些工作，應選在上班之前而非下班之後。

因爲早上精力充沛，較不會感到疲乏，而且早到還表示自己「急於著手工作」，遲退則表示「工作還沒有做完」。

切勿因爲想跟上司維持良好的關係而過分操心，以致妨害自己的創造力與工作效率，儘量做好自己的工作就是與上司和睦相處的最佳辦法，而且這種良好的關係，更有助於增進雙方的工作效率，並使整個工作團隊受惠。

閃避迎面而來的攻擊

不動聲色地沉著應對，看清楚對手攻來的方向，看明白對手所持的武器，再伺機反擊。萬一不幸避之不及，最好先求保命！

批評，其實是一種進步的動力，唯有透過別人的眼睛，才能檢視出自己的盲點，然後修正錯誤，重新整裝出發。

不可諱言的是，別人的批評一定帶有主觀的意見，難免會有偏激或謾罵的言論出現，這種情形特別容易發生在高層領導者的身上。因爲，高層領導者所做的決策，影響到的人數越多，對於每一個個體的需求與照顧也越難周全，當然，所遭遇到的批評與攻訐，也比旁人更多。

那麼，當我們不可避免要遭遇批評時，我們該如何自處呢？

或許，可以聽聽美國總統傑佛遜的答案。

有一次，德國科學家巴倫前來白宮，拜訪美國總統傑佛遜時，不經意間在總統的書房裡看到一張報紙，細讀之下，發現上面的評論，全是辱罵總統的攻擊之辭。

巴倫氣不過，抓起報紙憤憤地說：「你爲什麼要讓這些謠言氾濫？爲什麼不處罰這家報社？至少也該重罰編輯，把這個不尊重別人的傢伙丟進監獄。」

面對眼前氣得頭髮快要冒煙的巴倫，傑佛遜卻微笑著回答說：「把報紙裝到你的口袋裡，巴倫。如果有人對我們實現民主和尊重新聞自由有所懷疑的話，你可以拿出這張報紙，並告訴他們你是在哪裡見到的。」

想要終結毀謗，最好的方式就是不去辯解，讓謠言不攻自破。

身處越高層的人，所得到的掌聲與注目越多，相對的所受到的攻擊也會與日俱增，誰教你目標顯著？

正所謂「譽之所至，謗必隨之」，敵人一定會從你的弱點不斷地攻來，能否坦然處之，不正中敵人下懷，就得看你如何運用智慧去化解危機。

新聞媒體的負面評論，當然一定會帶來相當大的影響，但是並非全世界的人都相信該媒體的說法。

所以，如果傑佛遜如同巴倫一般惱羞成怒，甚至利用自己的權勢對該媒體進行施壓、報復，不就反而讓人以爲他是心中有愧，被人刺中痛處，才有此舉動。

有些事越澄清越模糊，越解釋越讓人覺得可能還有所隱瞞，反而對自己不利，如此一來，麻煩揮之不去。

不如不動聲色地沉著應對，看清楚對手攻來的方向，看明白對手所持的武器，先側身避開要害，然後再伺機反擊，以子之矛攻子之盾，才能制伏敵人。

萬一不幸避之不及，最好先求保命，反正君子報仇，三年不晚嘛！

說話之前先動動大腦

隻言片語釀成大錯的危害性是不能加以忽視的，說話的時候，一定要隨時提醒自己務必謹言慎語，避免因一時的出錯而惹來終身的遺憾。

辦公室是個爾虞我詐的競爭場所，身爲競爭族群的一員，說話之前一定要三思，千萬不要讓脫口而出的話語變成「有心人」攻擊自己的利器。

粗心大意的話語往往會招致想像不到的危險，殊不見，在這個光怪陸離的社會，造成人際關係失和的導火線，往往只是幾句不中聽的隻字片語。

有的人喜歡說話，但是說話之前又不肯先動動腦，往往因爲貪圖一時口快而引起不必要的困擾，事後才暗自懊悔不已。

少說話會降低出差錯的機率，不過相對的，也會失去自己受到上司肯定的機會，在競爭之中屈於劣勢，這無疑是兩難的抉擇。

折衷的方法是，只在必要的時刻說出必要的事情，並且以正確適當的方式表達自己的想法，這才是明智之舉。

常常在背後談論是非或說別人壞話，是相當要不得的行爲。所謂「隔牆有耳」，你在背後議論別人，最終難免會傳至當事人的耳內，導致彼此心中不愉快。

尤其是在辦公室，同事之間關係極爲敏感，你所說的每一句話，有心人肯定聽得一清二楚，如果他加油添醋轉告當事者，矛盾自然就產生了。

隻言片語釀成大錯的危害性，是不能輕率地加以忽視的，說話的時候，一定要隨時提醒自己務必謹言慎語，避免因一時的出錯而惹來終身的遺憾。

俗話說得好：「害人之心不可有，防人之心不可無」，做人，尤其是做一個現代主管，在辦公室裡，絕對不能沒有防人之心，否則就會保不住自己的地位。

堡壘最容易從內部攻破，事情最容易被自己最親密的朋友破壞，如果你的朋友變成了你的仇人或敵人，他的拳頭隨時可以擊中到你的要害。

人生到處是小人。小人喜歡「暗箱」操作，行事不露聲色，但是，小人再怎麼狡猾，總會有破綻。

當你可能獲得重要地位時，別人對你總有幾分敬意，你說話時，別人會唯唯諾諾，但是，千萬不能就此認爲別人和你的想法是一樣的。

尤其是不該讓別人知道的事，即使關係相當友好，也絕不能透露；如果你對公司或頂頭上司的做法頗有怨氣，寧可找一個不相干的朋友去訴說，也不能吐露給「知心」的同事知道。

在世情澆薄的商業社會，存一點防人之心，才是保護自己的最好方式。當然，防人之心並不等於對所有的人一概存著猜忌、懷疑的心理。因爲信任總是相互的，你不相信別人，別人也不會相信你。

所謂的「防」，就是不說不該說的話，不說可能不利於自己的話。

正視別人渴望獲得尊重的心理

一個高明的領導者必須淡化自己的權勢慾望，正視一般人渴望獲得尊重和賞識的心理，如此一來，才能激起下屬的感遇之心，心甘情願赴湯蹈火。

要想在社會關係中如魚得水、左右逢源，光講究「八面玲瓏」是遠遠不夠的，因爲八面玲瓏只意味著圓滑、鄉愿，連誠心誠意的境界都未達到。

自己若是缺乏誠心、沒有誠意，就不可能從別人那裡得到任何情誼，只能偶爾占點小便宜，但時日一久之後，你就露出小人的廬山眞面目。最後，變得人人躲你，人人怕你，對你「敬鬼神而遠之」。

人情和人際關係的「資源」一旦耗盡，你就變成一條擱淺的巨鯊了，等著被水鷹和食腐動物吃掉。

因此，想要獲得別人善意的回應，與人交往之時，應該要強調「誠心誠意」。

我們都知道劉備三顧茅廬，請諸葛亮下山為自己效命的故事。

當時的劉備有如喪家之犬，四處流亡依附別人，連自己的地盤都沒有著落，可以說是身處危亡之境。但是，他卻有禮賢下士的優點，只要誰有眞才實學，或具有某方面的特長，他都會不辭勞苦，親自登門拜訪，把對方奉若上賓。所以，他能找到像關羽、張飛這樣流傳古今的猛將，並以兄弟相稱，結為生死之交。

後來，他到了南陽，聽說諸葛孔明高風亮節，有經天緯地之才，並能運籌帷幄，決勝於千里之外。於是，劉備兄弟三人，一同前去諸葛孔明所居住的地方隆中草堂拜訪，試圖請出這個曠世奇才共謀大計，共創霸業。

可是，身懷奇才的諸葛亮不願輕易許諾，為了考驗劉備的誠意和決心，他故意迴避了兩次，使得隨行的關羽和張飛兩人氣得大發雷霆。

但是，劉備卻仍堅持以誠相待、以誠感人，三顧茅廬之後，終於請出諸葛亮。

最後一次，天空下起了鴻毛大雪，諸葛亮在草堂裡酣睡，劉備等三人靜靜在門外等候。諸葛亮深感劉備誠意十足，最後終於答應輔佐蜀漢，「受任於敗軍之際，奉命於危難之中」，從而為劉備鞠躬盡瘁，死而後已，成為禮賢下士、以誠待人的一段千古佳話。

魅力型領導者懂得如何去吸引別人，並激起他人追隨的慾望。他們各有各的招式，其中的每一招每一式，都蘊藏著神奇的魔力，引誘、迫使追隨者為他們效力賣命。

許多歷史的典故都告訴我們，身居高位的領導人，若能放下身段，做到禮賢下士，賢能之士就會拋頭顱、灑熱血地回報知遇之恩。

箇中緣由只在於，人人都有一顆自尊心，人人都渴望獲得別人的尊重與賞識。相反的，如果領導人一味以手中的權力對別人呼來喚去，或是進行要脅逼迫，就會讓人敬而遠之。

正因為如此，一個高明的領導者必須淡化自己的權勢慾望，正視一般人渴望獲得尊重和賞識的心理，如此一來，才能激起下屬的感遇之心，心甘情願赴湯蹈火。

對付小人的最高境界

爭奪利益之時，人心往往險詐得令人不敢相信，因此對他人的動作要有冷靜客觀的分析判斷。

關於我們經常在生活中或職場裡遭遇的那些小人、惡人、壞人，英國文豪狄更斯在《雙城記》有過這麼一番深刻的描述：「他長久以來就習慣躲在人性的偏僻角落裡搭窩造巢，而忘記人性中還有可較寬闊和美好的天地。」

當然，通常我們所遭遇到的，都只是那些因爲一時的利害糾葛而不經意流露個性上缺失的小奸小惡之徒，眞正的大奸大惡，往往貌似忠厚善良的好人，不是可以從言行輕易判斷的。

能夠把惡人操縱於自己的股掌之間的上班族，日後才可能成爲用人的高手，管理上的精英。這樣的人善於觀察、學習，能夠認清社會上的好人與壞人。

善於掌握壞人的行爲軌跡，善於吸取前人的經驗教訓，學會掌控惡人，馴服他、操縱他和防止被他陷害的全套本領，這才是對付惡人的最高境界。

每個人身邊總會有幾個惡人，這些惡人不啻是我們身邊一顆顆隨時可能會爆炸的炸彈。因爲，他們總是到處鑽營使壞，而且他們表現善意並不是要幫助人，而是想利用別人駕馭別人。

對於這種人，一定要讓他徹底馴服於你的權威之下。

但俗話說，明槍易躲，暗箭難防。小人的奸詐邪惡絕不會寫在臉上，所以要防範惡人，眞不是件容易的事。就是因爲難，所以更要特別注意，以下這兩種方法，或許能夠幫你提防小人。

首先是行事要懂得「不露聲色」，也就是讓別人摸不清你的底細，不管對誰，都不隨便露出自己個性上的弱點，不輕易顯露自己的慾望和企圖，不露鋒芒，不得罪人，也不要太過坦誠。

別人摸不清你的底細，自然難以輕易利用你、陷害你，因爲你讓他們沒有下手的機會。兩軍對仗，一旦虛實被窺破，就會給對方可乘之機，「防人」也是如此。

當然，話說回來，假如爲了提防別人而把自己搞得神經兮兮，失去了朋友，那就有點草木皆兵，反而會成爲衆人排擠的目標。

但無論如何，防人之心還是要有的。

其次是「洞悉人性」。兵法強調「兵不厭詐」，爭奪利益之時，人心往往險詐得令人不敢相信，因此對他人的動作要有冷靜客觀的分析判斷。

凡是不尋常的舉動，都可能包藏著不軌的意圖，把這動作和自己所處的環境一併思考，便可發現其中的奧秘，明瞭小人心中究竟打什麼算盤。

跟對上司才會有出路

歷史上很多高士和名人之所以能夠名垂青史，有一個很重要的原因在於他們都深知「乳酪」法則，知道誰才能給自己最好的「乳酪」。

要成爲一個優秀的領導者，首先必須和自己的上司保持良好的關係，最爲關鍵的一點是要確立一種互相依賴、互相信任的良性聯繫。

這種良性聯繫應該包括以下兩方面：

第一，尋找你所欣賞的上司。

第二，上司對欣賞的下屬應該委以重任。

只有將這二者結合起來，才能具備處理好上下關係的基本條件。

有人因為擁有某些特殊專長，往往容易恃才自傲，而不能用心發現能允許自己有較大發展的上司。

在現實生活中，我們不得不承認，同樣是領導幹部，但每個人性情、喜好、價值觀念皆不同。對於同一個員工，有的上司可能說他油嘴滑舌、不學無術，但或許另一個上司會對他大加讚賞，說他機敏過人、頭腦靈活。

因此，在職場生涯想要爭取「乳酪」，不能完全處於被動狀態，在上司選擇我們的時候，我們也必須選擇上司——儘管有時候並不是那麼隨心所欲。

如果你的性格內向，不善言詞，而且在短時間內不大可能改變自己，那麼，你所要選擇的上司，應該是能接受你的性情，同時比較容易理解你的所作所為、所思所想這種類型。

如果你是那種圓滑世故，屬於「手腳俐落，頭腦靈活」之類的人，那你在選擇上司的時候，也應堅持「求同存異」的原則。這樣一來，你就容易獲得認同，不需要花太多心思就可達到溝通的效果。

但是，必須切記，任何事情都有正反兩方面，在上司與下屬的關係上也是如此。

性情相同或相近的上司與下屬在一起共事，其優點在於易於溝通，產生配合默契，工作效率相對較高。但是，也有一個致命的弱點，那就是你們太瞭解彼此的性格，雙方的缺點和短處也一覽無遺，盡收眼底，相處之時必須更加小心。

不過，從整體上來看，還是性格相同或相近的上下級在一起共事較為妥當。

所以，如果你發現上司在性格方面恰恰與你相反，那麼，你就應該儘量避開他而另謀高就，因為他可能無法給予你最好的「乳酪」。

如果上司是性格與你大致相同的人，那你就應該感到慶幸，只要努力，就可以爭取一個皆大歡喜的結局。

歷史上很多高士和名人，他們之所以能夠名垂青史，有一個很重要的原因在於他們都深知「乳酪」法則，知道誰才能給自己最好的「乳酪」。

「姜太公釣魚」就是一個典型的例子。姜子牙身懷經天緯地之術、有變通古今之才，可是到了八十歲還是沒能施展自己的才華、抱負，終日在渭水之濱垂釣，原因在於他要「釣人」，等待賞識他的伯樂到來。

後來，周文王慧眼識英雄，禮賢下士，請他輔佐西岐。至此，姜太公才獲得自己最想要的「乳酪」，於是與周文王父子一同創下霸業，名留青史。

另一個家喻戶曉的故事，是劉備三顧諸葛亮的茅廬，衍生出一段歷史佳話。

劉備爲了復興漢室，三次前往諸葛亮位於隆中的住所，想請諸葛亮下山協助他完成大業，後來他三顧茅廬的誠意感動諸葛亮，諸葛亮步出茅廬輔佐劉備，成爲蜀國第一謀臣。

諸葛亮爲一代名士，感念劉備的知遇之恩，所以能爲知己者而死。

由此可知，唯有知人善用、禮賢下士的領導人，才能給你最好的「乳酪」，締造雙贏的局面。

10

訓斥，代表期待與重視

公司裡最沒有前途的人，
正是被上司忽視的人。
所以被上司責罵時，不要感到不滿，
應抓緊機會儘量吸取經驗與教訓，
揣摩上司的心意，如此一來，
下次自能有更好的表現。

如何輔導小錯不斷的下屬

有些企業的經理在解雇員工時總有一種心理，擔心他們會到處造謠，詆謗自己，因而對於這些小錯不斷的下屬，總是姑息縱容。

美國管理大師彼得．杜拉克曾經說過：「管理者與其做個站在監督立場發號施令的人，不如調動部下發揮積極性。」

管理者最重要的任務，就在於妥善運用每一個人的才幹，以一當十，以十當百。

有些下屬大錯不犯，但小錯不斷，要說他沒有才幹，他又有一些成績，要講他合適，他又經常給公司造成一些不大不小的損失。

這樣的人，其實最讓領導者頭痛。解雇他們，並不太妥當，繼續用他們，似乎又不好。那該怎麼辦呢？

某公司的一名業務員自恃功勞甚大，有很大的銷售業績，無人可比，就時常違犯一些公司的規定和紀律。例如，定期召開的業務員會議，他即使沒出差也經常無緣無故不參加，還經常帶自己的小孩到辦公室來，把公司當成遊樂場。

經理忍無可忍，一氣之下來了個「揮淚斬馬謖」。可是，這位經理在解雇這名業務員時犯了一個錯誤，太過於衝動草率的結果，使得原有的幾十家客戶紛紛流失，導致公司蒙受了重大損失。

想要解雇這樣的員工，絕不能草率行事。在解雇之前，不妨先教育和告誡他，即使最後還是決定要解雇，也一定得向密切往來的客戶說明原委，如此才不至於陷入「趕走了和尚，帶走了香客」的不利局面。

當然，不稱職的下屬，並不全是一些違反紀律和規定，或把上司講話當耳邊風的人，也有一些是誠實肯幹，但礙於自身的素質或適應能力等因素，而不適合於某個職位。在這種情況下，你就不應解雇他們，只要想辦法把他們調到不重要的崗位就行了。

有些企業的經理在解雇員工時總有一種心理，擔心他們會到處造謠，毀謗自己，因而對於這些小錯不斷的下屬，總是姑息縱容，遲遲不願下手。

你應該意識到，這樣的員工雖然不會犯大錯誤，但他對公司的影響卻是負面的，就像中國的一句俗語：「一粒老鼠屎搞壞一鍋湯」，因此，一定要及時加以解決或處理，或迅速調離崗位，或加以撤職。

當然，對於一些偶爾違反規定、犯點小錯誤的人，在採取行動之前，還是要先加以提醒和教育，在教育無效之時，才按公司的法規和制度來辦事，讓他走人。

部屬的能力決定自己的競爭力

如果內部全是一群只懂巧言媚上、無所特長的庸材，不但影響員工的士氣，公司也會變得毫無競爭力。

《孫子兵法》裡說：「將能而君不御者勝。」

這裡強調的是，選才用人與上級下級在實際運作中的關係。

「將能」，即你所選擇的人選必須是恰當與合適的，不一定要求所選的人是完美無瑕的全才，所以選人用將，知人善任才是最重要的。

「君不御」，也就是說君王不能對將帥的具體行動干預過多。

兵法有云：「將在外，君命有所不受。」

將帥在外作戰，必須靈活自如，察情觀變，即使是君王的命令有時也要棄置不理。在這方面必須要有主見、有識斷，因為實際的狀況是複雜多變的，一眨眼的工夫，情勢就可能丕變，國君即使再聰明，也不可能把握和預見未來的形勢變化。

古人有云：「疑者不用，用者不疑。」

在人選問題上一定要仔細謹慎，用人得當，可以事半功倍；用人不當則會事倍功半，甚至把事情搞得一場糊塗，這是第一層意思。

第二層意思就是，既然嚴格考察了你所用之人的素質和情況，那麼一定要放手讓他去做，你所要做的事情應該是替他排除阻力，搬開障礙，讓他大展長才，不要疑神疑鬼，處處設防。

在用人的時候並不是絕對「不疑」，而是不要毫無依據地胡思亂想，盲目猜測，這樣往往會造成適得其反的後果。

另一方面，又並不是絕對不防，主要是看你怎麼防。最理智的辦法應是經常溝通，隨時隨地瞭解他的思想動態，解除他的思想顧慮，把一些在萌芽階段的矛盾或不和諧的觀點消除，不要等到「生米已煮成熟飯」再去溝通，那時實在晚了點。

溝通，意味著理解與關係的緊密度，更意味著彼此始終都處於掌握實際狀況的位置，所以，領導者對此不能不慎，爲政者更應當以此爲鑑。

關於這一點，我們再引用《孫子兵法》上的論斷來加以說明：「夫將得，國之輔也，輔周則國也強，輔隙則國也弱。」

從商業領域的情況來看，如果領導者得到能夠輔佐自己的助手，這個公司就能夠獲得較大的發展。如果內部全是一群只懂巧言媚上、無所特長的庸材，不但影響員工的士氣，公司也會變得毫無競爭力。

此外，一個削弱部屬職權的公司，一定有位慣於獨裁的總經理，部屬的職權形同虛設，而且，這類型的總經理往往「事必躬親」，凡事都要插手操縱，公司就會變得混亂不堪，人心思變。

欺騙對手也是一種有效手段

不管是什麼形式的角力，只要能靈活而生動地體會和運用這些攻守法則，你就能成為優秀的領導統御高手。

在我們的實際工作和生活中，許多幹部或領導者往往過於暴露與張揚，不懂得隱藏自己，喜歡把自己的一舉一動都置於別人的視野範圍之內，那不是有意地麻痹他的敵人，而是習慣什麼都和盤托出，不懂得運用眞眞假假，虛虛實實的技巧。

《孫子兵法》強調：「兵者，詭道也。」

用兵之道，就是要善於迷惑和欺騙敵人，所以在己方實力強的時候，一定要想辦法裝出疲弱的樣子。

當離敵陣較近時，要設法使敵軍誤以爲你離他們還很遙遠，在離敵陣眞正遙遠的時候，也要設法使敵人誤以爲你早已兵臨城下。

當敵人覺得有利可圖的時候，要有意識地引誘他們進攻，在敵人陷於混亂的時候，要一鼓作氣將之擊潰。

我方軍備和戰鬥力充分時要想法僞裝，在敵人比自己的實力強大時，一定要想辦法避免與他們正面衝突。

這就是《孫子兵法》教導我們的「兵行詭道」，除了運用在軍事上之外，在政治及商業上更可以靈活運用。

在實際工作和生活中，許多人並未深刻地領會《孫子兵法》中的「兵行詭道」，他們總是過於暴露與張揚，不懂得僞裝自己，總是把自己的一舉一動都置於對手的視線之內，一點也不懂得自保的道理，更不懂得「逢人只說三分話」的重要。

有些心事帶有危險性和機密性，不能隨便吐露。例如，在工作上承擔的壓力與牢騷，或是你對某人的不滿與批評，當你滿腹怨氣地傾吐這些心事時，就有可能在他日被人拿來當做修理你的武器。

所以，無論你是公司的主管，還是一般小職員，都要學會保護自己，學會隱蔽自己，這是我們取得成功相當重要的方法。

在《孫子兵法》中有一項攻守法則，「攻其所不守也，守其所不攻也」，強調想要攻擊敵人獲得勝利，就應該攻擊敵人不注意的地方。

如果我們處於防守位置，那就應該留意平常看來不顯眼的地方，以免引起敵人重兵強攻。

一個優秀的領導者，行爲絕對不能遲疑不決，在攻擊和防守時需要投入更多的精神，因爲要對敵人的動靜瞭若指掌，必定要下功夫挖掘情報。

在攻守之間，情報策略是不可少的。不過，得到再多敵方的情報，也不能以爲從此就可以高枕無憂。因爲，在得手的情報中，可能隱藏著對方故音設計的錯誤資訊，如果因此而忽略了其中可能存在的陷阱，說不定會發生致命的大傷害，所以，不得不小心謹慎。

發動攻勢時，要設法攻擊對手防禦薄弱的地方，因爲此處是最爲對手忽略的地方，遭受的抵抗也最少。

攻擊時，要讓對方摸不清意圖，然後伺機而動，才能出其不意地直搗對方核心。所謂戰術，就是爲了達成目標所使用的方法，如果懂得用各種不同的戰術騷擾對方，讓他忽略你眞正的意圖，那麼勝負已可預見。

所以，在獲得一分情報時，不能僅看它表面所傳達的訊息，必須保持愼重的態度，了解內在的實質意義。

孫子所說的「能爲敵之司命」，就是要我們瞭解、掌握無形的戰術，掌握了對手的命運，就掌握了勝利。

不管是什麼形式的角力，只要能靈活而生動地體會和運用這些攻守法則，你就能成爲優秀的領導統御高手。

不知變通將導致失敗

你能否將最高決策立即有效地付諸運作，便是你成功的重要關鍵，只要能做好這些工作，你自然有著真正領導高手所應具有的基本素質。

在近代中國社會中，哪一種積弊不是由於古板守舊、墨守成規造成的？哪一種改革的阻力不是來自於傳統的習俗和習慣勢力？

光緒末年，清廷曾有意變法圖強，但是，當學習西方的「洋務運動」推動後，卻受限於中國上下頑固勢力的巨大阻力，令自己步伐停滯，不僅維新失敗，還弄到亡國的地步，這更說明了變通與跟上變化的重要性了。

由於清廷積弱不振，在位者沒有改革的魄力與決心，當時的洋務只能勉強維持，步履相當艱難。

例如，爲了學習西方的先進科技，洋務派打算設立天文算學館，吸收全國各地優秀的生員報名前來就讀，但是計劃推出之後，由於封建頑固派的強烈反對，天文算學館只好作罷。

當他們又想發展工業企業，開礦修路時，保守派又阻止說，這樣會破壞風水，會惹來老天爺的發怒，這些在風氣未開的社會環境中，老百姓也是如此認爲。

這些泛黃的歷史，如今在我們看來實在荒謬可笑，然而卻提醒我們，很多時候，一個領導者要如何兼顧革新的腳步與守舊力量的制約及影響。

在進行變革的時候，領導者要小心翼翼地帶領大家拋開成見，去除陳腐觀念，以適應瞬息萬變的時代，才能有效地成就一個嶄新的未來。

如果你是一位行政主管，卻缺乏決心與魄力，做事缺少變化，不善於分析和辨別新出現的各種因素，並及時採取相應的對策，那麼你將失去下級的尊重，以及發展自己的機會。

如果你是一位商界經理，卻不善於適應變化無常的市場，你的節奏總是比其他人慢了一拍，你的情報不是來自於前沿，而是來自於衆所周知的「馬路消息」，那麼，你就要做好隨時遭到撤換的心理準備，不必存著僥倖的念頭，因爲這對你而言，只是時間早晚的問題。

高手與一般人的區別並不大，但不同的是，他們對於現實環境的變化，具有相當敏銳的洞察力，能快速地調適自己向目標邁進的步伐，因此在競爭中很容易和一般人分出高下。

所以，你能否將最高決策立即有效地付諸運作，便是你成功的重要關鍵，只要能做好這些工作，你自然有著眞正領導高手所應具有的基本素質。

傳播媒體是社交活動致勝武器

領導者應當對大眾傳播媒介予以高度重視，並充分地利用一切可以利用的社會資源，調動一切可以調動的因素，以發揮大眾傳媒所不可替代的獨特作用。

一個領導者，無論多麼精明能幹，如果不會用體面和機智的方式來處理日常事物，那就不能算是領導統御高手，領導者必須注重社交的方法和藝術。

那麼，什麼是企業社交？

它是指企業爲了自身的生存和發展，必須創造出一個更好更舒適的環境，所採取的一系列政策和企業外部的組織活動，這種交往活動，主要反映在兩個企業之間的相互影響，從而構成企業的外部關係網絡。

社會關係是構成企業生命的要素，也是一筆可觀的無形資產，一個企業的正常運作少不了社會關係，在市場經濟條件下，這種關係網絡鮮明地呈現了社會高度分工的時代特徵。

如果，失去了這種「社會網路」，我們即失去了相互合作、相互依賴的條件。

前美國國務卿季辛吉博士創辦了一家國際諮詢公司，由於他本身和許多國家政府和大公司的領導人都有密切的關係，因此，當其他國家或公司的領導人希望進行接觸和進行經貿往來的時候，只要有他的推薦和諮詢，事情就變得順利得多了。

任何企業都希望建立良好聲譽，爲自己奠下不敗基業，然而要怎樣才能擁有好名聲呢？這當然不是自己說了就算，而是需要公衆的認可，特別是企業外部的社會大衆，他們才是眞正的裁判。企業的領導者，都應當重視這個問題。

其實，所謂社交和社會關係學，並不是近代才有的觀念，早在春秋戰國之際，就有了專門從事外交和社會關係活動，並以這種工作爲職業的「縱橫家」。

他們根據自己的所學充分加以發揮，奔走於各國之間，巧舌如簧地進行遊說，這對當時和後來的歷史面貌，產生了不可忽視的影響，而其中又以蘇秦的「合縱政策」與張儀的「連橫方略」最爲有名。

英國首相邱吉爾也是位能言善道的外交家，就在二次世界大戰爆發的前幾天，還在英倫與歐洲之間穿梭的他，居然靠著一張嘴，構築了大戰初期的外交格局。

此處強調的社交活動，主要是指在公眾場合與其他單位聯繫的相關問題，爲了突出社會交往活動的重要性，我們將舉大眾傳播媒介的例子來做個案分析。

大眾傳播媒介是指報紙、雜誌、電視、廣播……等等，對於企業的形象與在公眾中的聲譽將有越來越明顯的影響。一方面，它是社會交往活動的媒介，領導者可以利用它與社會各界進行交往聯繫，另一方面，它又是開展社交活動的重要橋樑。爲此，領導者應當對大眾傳播媒介予以高度重視，並充分地利用一切可以利用的社會資源，調動一切可以調動的因素，以發揮大眾傳媒所不可替代的獨特作用。

領導人在和大眾傳播媒介打交道時，必須注意以下幾方面：

首先，必須堅持實事求是的基本原則。

眞實性是大眾傳播媒介的基本要求和基本特點，領導者在與大眾傳播媒介打交道時，一定要提供眞實可靠的材料和資料，不要虛浮誇張，或者捏造欺騙。

其次，要積極主動，禮誠相待。因爲，你是求助於大眾傳播媒介爲自己宣傳或擴大知名度，而不是傳播媒體求助於你。

因此，領導者一定要採取積極主動的姿態，禮貌熱情地和有關新聞記者、編輯建立適當的關係，同時也應該主動地向他們提供有關情況，發佈消息和稿件；並應設專人接待，爲記者、編輯採訪提供文件、素材和要找的新聞人物。

原則上來說，與大眾傳播媒介打交道不應該淪爲庸俗的交易，不應請客送禮，更不能以金錢賄賂，也不能以刊登廣告爲誘餌，要求大眾媒體宣傳。

但是，隨著近年來所謂「有償新聞」的出現和蔓延，這個原則卻受到嚴重的挑戰。因此，我們有必要對大眾傳播媒體採取較爲靈活的態度，在堅持原則的大前提下，儘量變得活潑主動，而不是張網待雀、守株待兔。

要儘量地與新聞媒體接觸，主動地表現自己，例如召開記者招待會、專家研討會，而在處理相關應對問題的時候，只要堅持原則，靈活工作，自然會達到你想要的效果了。

出差時，更要注重進退禮儀

與上司一同出差是個關鍵場合，此時表現的好壞會有很大的影響力。因此，與上司出差時，說話行事要更小心謹慎，更在意進退禮節。

人際關係大師卡內基曾經說：「懂得分享，才能換取真摯的友誼。」誠懇對待別人，彼此分享成果，是人與人交往的基本原則。當然，這種說法是抽象的，具體的做法是適時幫助別人，讓別人對自己產生好感。

在競爭激烈的職場，這也是讓上司窩心、讓自己升遷的高明手腕，尤其是和上司一起出差，由於彼此近距離相處，更要適時加以展現。

下屬陪同上司出差，是為了能發揮像在辦公室裡一樣的幕僚角色，唯一的差異僅在於變換了與平日不同的工作場景。

上司與下屬出差時，會一同進餐、一同搭車，並一起在餐廳或酒店應酬客戶。因此，下屬必須對商業禮儀瞭解得更爲透徹，才足以應付這類場合。

與上司出差應酬，有下列幾個讓人尷尬又兩難的場合：

- 早上的工作結束後，是要準時五點下班，還是與上司一同吃晚飯？
- 若出差的城市以某觀光景點聞名遐邇（譬如紐奧良的爵士樂、紐約的百老匯歌舞劇），而且明知自己有餘暇欣賞，那應該獨自前去，還是邀請上司一起去？
- 是不是應該提議自付用餐費用？
- 如果上司在餐前必須祈禱，是不是也要跟著恭謹地低頭祈禱？
- 如果上司沒將你介紹給某一位顧客，該不該自行伸出手來介紹自己？

面對上述這些情況，身爲下屬該如何應對呢？

在上述狀況中，一切決定應視自己和上司的關係而定。如果彼此都是同性，平時也頗爲熟稔，比較容易決定是否共同用餐或一起外出觀光。

如果恰好只有兩人，而且彼此爲異性，一同外出尋樂或共用晚餐，就可能在他人眼中造成錯誤的印象。

從另一個觀點來說，如果平口就習慣和上司出外交際，那麼就算出門在外，也不必刻意疏遠上司。

另外，也可以按照事情的優先順序做決定。

辛苦了一整天後，若是你寧願叫客房服務或外送在房間進食，並且乘機和老婆與孩子講通電話，就別勉強自己陪上司外出。不過，從另一個角度來看，若沒有家庭負擔並將事業成功放在首位，就不妨陪上司外出吃個飯、喝喝小酒，畢竟與上司打好關係只有好處沒有壞處。

如果彼此的信仰不同，那就沒有必要跟著低下頭與上司一同祈禱，但是仍要保持靜默，耐心等候對方祈禱完畢，再一同用餐。在這類情況中，不自先行開動就已經表達出對上司信仰的尊重了。

談到個人費用，別事事讓上司掏腰包。如果公司事後不會補貼某些費用，或不清楚餐費是否應自理，就應該付自己消費的那些錢，千萬別將上司請客視爲理所當然的事。即使明知餐費可以向公司申請，當上司掏出錢付帳的時候，還是應該由衷地說一聲「謝謝」。

如果幫自己購買點心、口香糖、報紙或其他小東西，記得也幫上司帶一份。別一味要求上司請客，身爲下屬也應該在自己負擔得起的範圍內回報上司。

還有，在應酬場合中，如果上司沒把你介紹給客戶，那麼主動地自我介紹絕對是合於禮節的。要裝做上司是一時疏忽忘了細節，並很大方地向對方伸出手、遞出名片，並介紹自己。

與上司一同出差是個關鍵場合，因爲彼此相處的時間會大幅增加，因而此時表現的好壞會有很大的影響力。

若是表現得當，能替自己在上司心目中的形象大大加分；若是表現不當，那平時在辦公室裡努力累積出的好形象，可能就此毀於一旦。因此，與上司出差時，說話行事要更小心謹慎，更在意進退禮節。

做好上司的左右手

身為下屬若能任勞任怨地開拓業務，為上司出謀劃策，勢必會取得上司的信任，進而被賦予更多的職責和更大的權限。

在職場上，身爲領導者想做好工作，必定離不開「謀略」，有勇無謀必定要吃苦頭。因此，每個領導者身邊都有一個「智囊團」，聚集著一批謀士型的人才。

原因很簡單，任何一個領導人都不可能處處出類拔萃，他可能有膽識、有遠見、有能力，但不可能事事都能預料得到。但謀士可以爲他指點迷津，幫助領導者分析當前的形勢及未來的發展趨勢。

因此，領導者多半對於謀士型的下屬相當重視。

雖說領導者多半重視謀士型的人才，但身爲謀士型的下屬，能否受到領導者重視則取決於自己的行爲表現。

如果下屬是謀士型的人才，善謀略、策劃，處事周全，胸有奇謀，能助領導者理清局勢、茅塞頓開，幫助上司渡過無數危機，或使領導者事事成功，光明的前途自然指日可待。

例如，美國五星上將喬治·馬歇爾，就以出衆的才華贏得了陸軍部長史汀的信任和讚賞，從而成爲他最重要的助手。

一九四一年三月，羅斯福總統要史汀派一些高級軍官去歐洲視察時，史汀第一個反應便是：「我不願馬歇爾在這個時候離開，他在這裡太重要了。」

又如在一九四三年五月，邱吉爾再次要求馬歇爾陪他去非洲旅行時，史汀將軍十分憤慨地說：「若想從美國軍官中挑出一個最強的人，那人肯定是馬歇爾，他身上背負著這場戰爭的命運……但這次遠行並不需要他，那僅是爲了滿足邱吉爾的願望，我認爲這樣做太過分了。」

甚至，當時連羅斯福都說：「是啊，要是把你（指馬歇爾）調離華盛頓，我想我連睡覺都不安穩啊！」

透過上述那些話語與評論，可以發現馬歇爾以他卓越的才幹贏得了上司的信賴，他的上司在任何時候都覺得他無比重要，迫切需要他的幫助。因而，馬歇爾雖然為人下屬，依舊在上下屬關係嚴謹分明的軍中享有極高的地位。

由此可見，當下屬的工作出色得令上司無法忽視，甚至感到無法離開這名下屬時，說明這名下屬已在無形中構成了對上司的影響力，形成了某種潛在的權威，獎勵和晉升也指日可待。

換句話說，身為下屬若能任勞任怨地開拓業務，積極為上司出謀劃策，又毫無「篡權」的野心，勢必會取得上司的信任，進而被賦予更多的職責和更大的權限。如此一來，即便身為下屬，也能享有同上司一樣的影響力與重要性。

提出建議，要先博得上司同意

提出建議時，贏得上司認同是首要之務，否則無論意見再新穎、再獨特，若無法獲得上司的認同，也不能實際推行。

剛愎自用的上司只認爲自己的意見正確，對他人提出的意見一概排斥。只要是他提出的想法，那就有巨大的潛力；如果是別人的想法，那就一文不值。

實際上，這種上司根本不想讓部門內的其他人積極思考問題，如果有人膽敢提出有新意的建議，就容易被他視爲眼中釘。

在職場上，若不幸得與剛愎自用的上司共處，那身爲下屬的目標，應是讓自己的想法得到上司客觀的考慮，同時又不致引起上司反感。

面對剛愎自用的上司，若要提出建議，必須強調自己的意見僅供參考，不是要求變革；只是希望上司能多加考慮，並非強迫上司一定得採納。在提意見的過程中，要強調上司的重要性，並暗示上司若能採納意見，代表他作風開明、決策正確，功勞屬上司而非提意見的下屬。

此外，必須使上司意識到，在想法形成的過程中，上司有決定性的影響力，要說明自己是在聽到他的談話之後，才產生這個想法。或者說是當他今天在商討提高生產效率的必要性時，自己才產生這個念頭。

總而言之，必須使上司明瞭，自己是聽了他的話才產生靈感，使他把你的建議當成自己的建議考慮。

在與上司進行深入探討之前，首先要詢問上司是否有時間。如果知道自己的建議能得到大多數人的支持，不妨在開會時大膽地提出建議，這可免於私底下提出建議時，直接被上司否決。

還有在開口之前，最好先把自己的想法記在紙上，這樣在會議上發表意見時，才會講得清楚透徹、有條有理。

如果提出的建議遭到指責，要想辦法據理力爭。在上司對你的建議發表意見之時，要記下自己認爲合理的反對意見，接下來發言時，首先要對上司正確的批評積極回應，其他不合理、不理性的意見則可以不用理睬。

提出建議之後，要爲上司留下考慮的時間。在他感到還沒有掌握一切時，爲了保持自信，可能會拒絕下屬提出的一切建議。這時最好什麼話也不要說，等他瞭解情況後，再讓他重新定奪。

提出建議時，贏得上司認同是首要之務，否則無論意見再新穎、再獨特，若無法獲得上司的認同，也不能實際推行，如此一來，再新穎高明的意見都是枉然。因而在提出建議時，除了考量意見的內容之外，更要考量提意見的方式與時機，以博得上司的認同。那麼，意見才能落實，才能發揮最大效用。

訓斥，代表期待與重視

公司裡最沒有前途的人，正是被上司忽視的人。所以被上司責罵時，不要感到不滿，應抓緊機會儘量吸取經驗與教訓，揣摩上司的心意，如此一來，下次自能有更好的表現。

日本大企業家福富先生當服務生的時候，常常被老闆毛利先生責罵，但福富也因爲他每次被責罵後，總能得到一些啓示，所以總是主動找機會挨罵。

每次遇見毛利先生時，福富絕不會像其他怕麻煩的服務生般逃之夭夭，反倒立刻趨前向毛利先生打招呼，並請教說：「早安！請問我有什麼地方需要改進嗎？」

這時，毛利先生便會指出他許多需要注意的地方。福富聆聽訓話之後，必定馬上遵照指示改正缺點。

福富會殷勤主動地到毛利先生面前請教，是因爲深知年輕資淺的服務生，很難有機會和老闆直接交談，因而只有自己主動把握機會。

而且向老闆請教時，通常正是老闆在視察自己工作的時候，這就是向老闆推銷自己的最佳時機。所以，毛利先生對福富的印象就比其他任何員工都來得深刻，對福富有所指示時，也總是親切地直呼他的名字，告訴他什麼地方需要注意。

福富就這樣每天主動又虛心地向毛利先生討教，持續了兩年之久。

有一天，毛利先生對福富說：「據我長期觀察，發現你工作相當勤勉，值得鼓勵，所以明天開始請你擔任經理。」

就這樣，十九歲的服務生一下子便晉升爲經理，在待遇方面也提高很多。

其實在職場上，被人指責訓誨，就是在接受另一種形式的教育。對於毛利先生一年三百六十五天的個別教導，福富至今仍感謝不已。

在被上司指責或訓誨時，非但要認眞專注地聆聽，聽完之後，更要面帶笑容，以愉悅的口吻回應：「是的，我知道了，我現在馬上去做，下次一定會多加注意。」

相反的，如果遇到這種情況時，卻顯出非常緊張不安的態度，反而會讓上司認爲你心存反抗而感到不愉快。

換言之，靜靜地接受上司的指責、聆聽訓誨，並保持不失禮的和悅態度，就是尊崇對方，更是使上司對自己留下好印象的竅門。

如果因爲在衆人面前被上司責罵而感到非常丟臉，因此怨恨上司，那就大錯特錯了。這時，應該換個正確的角度來想，認爲上司是在培養自己、教育自己，而且也要認爲在衆人當中，只有自己才值得特別被責罵，代表自己在公司所有職員裡是最有前途、最受器重的，更可以認爲「上司對我充滿期待」而感到驕傲。

事實上，公司裡最沒有前途的人，正是被上司忽視的人。所以，被上司責罵、訓斥時，不要感到不滿或自覺深受委屈，應抓緊機會儘量吸取經驗與教訓，揣摩上司的心意，如此一來，下次自然有更好、更合上司心意的表現，日後自己也才有可能成爲更優秀的領導者。

厚黑學完全使用手冊：領導統御

作　　者　王　照
社　　長　陳維都
藝術總監　黃聖文
編輯總監　王　凌
出 版 者　普天出版家族有限公司
新北市汐止區康寧街 169 巷 25 號 6 樓
TEL / (02) 26921935 (代表號)
FAX / (02) 26959332
E-mail：popular.press@msa.hinet.net
http://www.popu.com.tw/
郵政劃撥 19091443 陳維都帳戶
總 經 銷　旭昇圖書有限公司
新北市中和區中山路二段 352 號 2F
TEL / (02) 22451480 (代表號)
FAX / (02) 22451479
E-mail：s1686688@ms31.hinet.net
法律顧問　西華律師事務所・黃憲男律師
電腦排版　巨新電腦排版有限公司
印製裝訂　久裕印刷事業有限公司
出 版 日　2019 (民 108) 年 3 月第 1 版
ISBN◉978-986-97363-9-8　　條碼 9789869736398

國家圖書館出版品預行編目資料

厚黑學完全使用手冊：領導統御／
王照著.一第 1 版.一：新北市,普天出版
民 108.03 面； 公分. - (智謀經典；08)
ISBN◉978-986-97363-9-8 (平裝)

權謀經典

08